鳗鲇科
Plotosoidae

鳗鲇科的幼鱼会聚成密集的球形群体（鲇球）活动，成鱼则爱独居、喜隐藏。胸鳍棘和第一背鳍棘有毒；人在被它们刺伤后会感觉伤口非常痛，有时甚至会休克，所以千万不要把手伸进鲇球里。

鲀科
Tetraodontidae

鲀科鱼可能是世界上最著名的一类有毒的鱼。它们毒性极强，不过只有食用它们的人才会中毒。在日本餐馆食用河豚时，食客甚至非常希望河豚肉含有适量的毒素。

鱼书

印度洋—太平洋珊瑚礁生物

〔德〕马蒂亚斯·贝格鲍尔
〔德〕曼努埃拉·基施纳 ◎ 著
陈 扬 ◎ 译
陈 骁 ◎ 审 订

北京科学技术出版社

Original title: Bergbauer / Kirschner, Riff-Führer Indischer Ozean und Westpazifik

著作权合同登记号　图字：01-2017-6999

图书在版编目（CIP）数据

鱼书 /（德）马蒂亚斯・贝格鲍尔 ，（德）曼努埃拉・基施纳著；陈扬译. — 北京：北京科学技术出版社，2021.1（2025.1 重印）

ISBN 978-7-5714-1171-8

Ⅰ. ①鱼…　Ⅱ. ①马…　②曼…　③陈…　Ⅲ. ①海洋生物—动物—普及读物　Ⅳ. ① Q95-49

中国版本图书馆 CIP 数据核字（2020）第 205068 号

策划编辑：李　玥
责任编辑：吴佳慧
审　　订：陈　骁
责任校对：贾　荣
责任印制：李　茗
图文制作：天露霖文化
出 版 人：曾庆宇
出版发行：北京科学技术出版社
社　　址：北京西直门南大街16号
邮政编码：100035
电　　话：0086-10-66135495（总编室）　0086-10-66113227（发行部）
网　　址：www.bkydw.cn
印　　刷：北京宝隆世纪印刷有限公司
开　　本：880mm × 1230mm　1/32
字　　数：285千字
印　　张：10.875
版　　次：2021年1月第1版
印　　次：2025年1月第2次印刷
ISBN 978-7-5714-1171-8

定　　价：146.00元

目 录

前　言

多姿多彩的栖息地

热带珊瑚礁是地球上生物种类最丰富、生产力最高的栖息地之一，印度洋 - 太平洋热带海域的珊瑚礁更是因惊人的生物多样性而闻名于世，其生物多样性水平远高于大西洋和加勒比海海域的珊瑚礁。纵观整个印度洋 - 太平洋海域，生物多样性水平从物种丰富的印度洋向东越来越高。其中不得不提的是印度尼西亚、马来西亚、菲律宾、巴布亚新几内亚与所罗门群岛之

间的“珊瑚三角区”，全球75%以上的知名珊瑚礁都在那里，那里也因为珊瑚礁比其他海域更多而生机勃勃。此外，全球已知的珊瑚礁鱼类中40%以上的鱼类的栖息地、捕食场和繁殖地也都在那里。珊瑚礁群落之所以有如此高的生物多样性水平，是因为它们的生态结构极其丰富。众多的栖息地和生态龛在狭小的空间里紧密聚集，为数不尽的海洋生物提供了理想家园，这些海洋生物就这样在珊瑚礁群落中形成错综复杂的关系。就像人口稠密的城市里的人一样，珊瑚礁群落中的各种生物各司其职、互动作业，存在复杂的供需关系。下面我们将介绍珊瑚礁群落中几组有趣的关系。

拟态——大骗局

拟态，即把自身伪装成其他样子，是一种能让天敌即使看到了也无法认出来的艺术。例如，有一种鱼因为有毒而免受捕食者追捕，于是另一种无毒的鱼就模仿这种有毒的鱼，这样已经学会避开这种有毒的鱼的捕食者就会放过模仿者，模仿者的这种行为被称为贝氏拟态，即一种“羊披狼皮”的策略。与所有鲀一样，横带扁背鲀的身体组织含有毒性极强的毒素，因而捕食者很少攻击它们。无毒的锯尾副革鲀就通过模仿横带扁背鲀来逃避天敌的攻击。锯尾副革鲀如果进行贝氏拟态，潜水员只能通过它们略长的背鳍和臀鳍认出它们的真面目。

横带扁背鲀

锯尾副革鲀

纵带盾齿鳚（假裂唇鱼）

此外还有一种拟态，即进攻性拟态，这则是一种“狼披羊皮”的策略。裂唇鱼（一种清洁鱼）因能帮助鱼类清除寄生虫而深得“顾客”信任，纵带盾齿鳚于是模仿裂唇鱼并利用“潜在顾客”的信任来接近它们。然而，这些冒牌货并不会帮助“潜在顾客”清除寄生虫，而是在接近“潜在顾客”后咬下它们的皮肤、鳞片或鳍状物来饱餐一顿。潜水员只有通过极其仔细地观察口的位置才能辨别这两种鱼：裂唇鱼的口位于端部，纵带盾齿鳚的口则在腹面上。另外，潜水员也可以通过二者的行为来更准确地区分它们：纵带盾齿鳚白天偶尔会钻进岩洞里，裂唇鱼则不会。

纵带盾齿鳚（假裂唇鱼）

裂唇鱼

互利共生

虾虎鱼和枪虾之间的关系可谓有趣至极，它们形成了一种对双方都明显有益的共生关系，即互利共生。枪虾会在沙地上挖洞，由于沙子经常滑落，枪虾整天都不知疲倦地将滑落的沙子挖出来，以维护洞穴。其实，枪虾挖沙的过程也是觅食的过程，因为沙子中生活着许多小动物。枪虾到洞口“倒”沙子时，总是将一根触须搭在虾虎鱼身上。虾虎鱼守在洞口负责放哨，有时也快速地捕食猎物。当受到威胁或捕食者攻击时，虾虎鱼会以闪电般的速度逃进洞中，并同时向枪虾释放信号。这种共生关系对双方的好处在于：因虾虎鱼的警惕，枪虾能及时发现附近的捕食者；而在难以将自身隐蔽起来的沙地上，枪虾的洞穴成为虾虎鱼的安身之所。

合作共赢：虾虎鱼和枪虾互利共生

珊瑚棘兔螺模仿寄主珊瑚的形状和颜色以将自己隐藏起来

趴在海蛞蝓身上的两只帝王虾

蜘蛛蟹栖息在螺旋鞭角珊瑚上

偏利共生

像虾虎鱼和枪虾这种双方皆能获利的合作关系，叫互利共生；而如果在一组关系中只有一方获利，另一方既不受伤害也不受益，那么双方的这种关系就叫偏利共生。偏利共生在珊瑚礁生物之间，特别是小型无脊椎动物之间非常普遍。在有利于自己的栖息环境里，小型甲壳动物行为各异，它们有些在石珊瑚枝杈间爬行，有些则分腿蹲在鞭珊瑚上或趴在海蛞蝓身上。潜水员也可以在海葵、海参、海星、海鳃和其他许多动物身上找到它们。

清洁性共生

清洁鱼会通过在水中舞蹈来招徕“顾客”——鱼类，“顾客”则通过摆出一些特定姿势（如几乎直立在水中并将身体偏向一侧或张开口和鳃盖），来表示需要清洁服务。从黎明到黄昏，“顾客”都在不断寻找清洁站，且常常需要排队等候服务。鱼类身上的寄生虫主要靠清洁鱼杀灭。巨颚水虱属动物就是海洋里的一类寄生虫，这些“吸血鬼”就像陆地上的蜱虫一样靠寄生生活，在海洋里非常常见且会不断侵害鱼类。

因此，即便是就生态学意义而言，清洁鱼的清洁服务对整个珊瑚礁群落也是极其重要的。清洁鱼或许是珊瑚礁群落中最繁忙的成员了，它们几乎不知休息为何物，结束了一天的清洁工作后，吃了一肚子的寄生虫，这些寄生虫在它们饮食结构中的占比甚至超过了 95%。一条清洁鱼一整天

白纹清洁虾为索氏九棘鲈提供口腔清洁服务

可以吃掉约 1200 只寄生虫。清洁鱼和“顾客”之间是互惠互利的关系：“顾客”因清洁鱼提供的清洁服务而免受寄生虫的侵害，而清洁鱼获得饱餐一顿的机会。

海洋里的“清洁工”还包括清洁虾。它们与清洁鱼一样拥有庞大的固定“顾客”群，其中既包括无害的海藻和浮游生物，也包括真鲷和石斑鱼等捕食者。无论是无害的“顾客”还是危险的“顾客”，清洁虾都一视同仁。不同的清洁虾和“顾客”交流的信号不同，白纹清洁虾会挥动它们的触角，琉璃清洁虾则会跳一段特别的招牌舞，越热情表示它们越饥饿。这些引人注目的信号效果颇佳。与其他许多“顾客”一样，石斑鱼也能解读清洁虾的这些信号，并且更愿意选择热情的清洁虾，而非那些姿势标准的“舞者”，因为前者提供的清洁服务时长比后者（没那么饥饿的清洁虾）的多 11 倍。

白纹清洁虾和海鳝

清洁鱼为白腹凹牙豆娘鱼提供鳃部清洁服务

把身体立起来以寻求清洁服务的黑带鳞鳍梅鲷

把身体立起来以寻求清洁服务的星阿南鱼

第一章　鱼　类

鲨形总目
Selachomorpha

鲨是软骨鱼，它们中的绝大多数是掠食性动物，而作为世界上体形最大的鲨，鲸鲨却采用滤食的方式捕食深海浮游生物，姥鲨也是如此。全世界约有 500 种鲨，潜水员能够在珊瑚礁附近看到的鲨种类相对较少——多为真鲨科鲨，比如污翅真鲨、灰三齿鲨和钝吻真鲨。潜水员偶尔也能在珊瑚礁附近看到更大的深海鲨，比如白边鳍真鲨和长鳍真鲨——它们都很凶猛。此外，低鳍真鲨和鼬鲨也很凶猛，曾因对人类发出致命的攻击而闻名。潜水员在一些海域还能经常看到一些有较强地域偏好的鲨，比如铰口鲨和半带皱唇鲨。双髻鲨的两只眼睛和两个鼻孔分别位于它们极具标志性的锤头状头部的两端，相隔很远，这使得它们的视觉范围更广，也更容易辨别气味来源。

长鳍真鲨

Carcharhinus longimanus

体形巨大，背鳍和胸鳍边缘圆润且末端呈白色。

体长 350 cm

生活习性 栖息于水深不超过 150 m 的海域，很少靠近海岸。常常有舟鰤（领航鱼）伴随左右，以硬骨鱼、鳐、乌贼、海鸟、海龟、海洋哺乳动物、腐肉和垃圾为食。具有潜在的危险性，因具致命的攻击性而闻名，胆大、不羞怯，会好奇地绕着潜水员转个不停。

分布 水温逾 18℃的环热带海域

鲸鲨

Rhincodon typus

体表散布着许多斑点，吻很大，无齿。

体长　12~14 m

生活习性　主要栖息于深海，偶尔出现在珊瑚礁附近。通常单独活动，偶尔也会在珊瑚礁附近集群活动。无害的滤食性动物，一口就能吸入几吨海水。

分布　环热带海域

豹纹鲨

Stegostoma fasciatum

幼鲨全身覆有黑白条纹，成年后则全身遍布浅褐色斑点。

体长　280 cm

生活习性　栖息于沙地、碎石地和暗礁，栖息深度为 5~70 m。底栖鱼，白天多在海底大陆架上休息，夜晚捕食软体动物、蟹和小鱼。无害，但受到侵扰后可能咬人。

分布　从红海、非洲东岸至日本南部和新喀里多尼亚

长尾光鳞鲨

Nebrius ferrugineus

吻小，有鼻须，背鳍几乎一样高。

体长　320 cm

生活习性　栖息于潟湖和外礁区，栖息深度不超过 70 m。白天多在礁石下或洞穴里休息，夜晚捕食章鱼、蟹、底栖鱼、海蛇和海胆。通常将猎物一口吞入口中，然后嚼碎。一般无害，但在受到挑衅时也可能死死咬住人不放。

分布　从红海、非洲东岸至日本南部、密克罗尼西亚和法属波利尼西亚

叶须鲨

Eucrossorhinus dasypogon

口边和头侧长有长长的须状物。

体长 130 cm

生活习性 主要栖息于沿海珊瑚礁保护区，栖息深度通常不超过40 m。偏爱单独活动，要么待在海底，要么紧贴海底游动。白天常蛰伏于海底，夜晚捕食鱼（比如胸斧鱼和锯鳞鱼）或者无脊椎动物。生性不胆小。

分布 从澳大利亚北部、印度尼西亚东部至巴布亚新几内亚

点纹斑竹鲨

Chiloscyllium punctatum

幼鲨全身长有黑白相间的条纹，成年后体表呈棕色或棕灰色，部分个体身上仍有条纹。

体长 105 cm

生活习性 主要栖息于沿海珊瑚礁保护区，栖息深度为1~80 m。白天隐藏于珊瑚礁枝杈间，夜晚摇身一变成为活跃的独行者——要么蛰伏在开阔水域和海底，要么紧贴海底游动。以底栖无脊椎动物为食。

分布 从印度、泰国、印度尼西亚至菲律宾和日本南部

印尼长尾须鲨

Hemiscyllium freycineti

体表底色为奶油色或浅棕色，上面有许多棕色斑点，胸鳍旁有一块白缘黑斑。

体长 70 cm

生活习性 栖息于珊瑚礁保护区，通常在浅海较深处单独活动。白天大多躲藏起来，夜晚觅食。

分布 印度尼西亚拉贾安帕群岛和西巴布亚省

白边鳍真鲨

Carcharhinus albimarginatus

尾鳍、背鳍、胸鳍的末端和边缘都呈白色。

体长　300 cm

生活习性　栖息于离岸暗礁区，有时栖息于潟湖深处，栖息深度为2~400 m（有时超过 400 m）。单独或集群活动。以硬骨鱼、鲼科鱼和章鱼为食。一般比较谨慎，有时也相当缠人。

分布　从红海、南非至日本南部、加拉帕戈斯群岛以及法属波利尼西亚

钝吻真鲨

Carcharhinus amblyrhynchos

尾鳍边缘颜色较深。

体长　180 cm

生活习性　栖息于环礁湖、礁道、陡峭的礁壁附近，栖息深度为1~274 m。白天有时聚成松散的群活动。领土意识强。以鱼、头足类动物和蟹为食。在太平洋部分海域曾发生钝吻真鲨攻击人类的事件。其保护等级在灰三齿鲨和污翅真鲨之上。

分布　从红海、非洲东岸至中国台湾、夏威夷群岛和复活节岛

低鳍真鲨

Carcharhinus leucas

身体壮硕，吻短、眼小。

体长　340 cm

生活习性　偏爱在温暖的沿岸礁区及汽水域活动，也出没于河湖等淡水水域。栖息深度为 1~152 m，通常在靠近水面的地方活动。食性广，硬骨鱼、鲨、鳐、海龟、无脊椎动物、海洋哺乳动物、海鸟甚至垃圾都是它们的食物。对人类的潜在威胁较大。

分布　全球热带及亚热带海域

污翅真鲨

Carcharhinus melanopterus

背鳍、臀鳍、胸鳍和下尾叶的尖端均呈黑色。

体长 180 cm

生活习性 栖息于潟湖和外礁区，栖息深度不超过 75 m。幼鲨常在礁石顶部的浅水区活动。单独或集群活动。以珊瑚鱼和二鳃亚纲动物为食。生性胆小。

分布 从红海、非洲东岸至日本南部、夏威夷群岛和皮特凯恩群岛（也会经苏伊士运河迁徙至地中海，比如突尼斯、以色列周边海域）

灰三齿鲨

Triaenodon obesus

体形修长，背鳍尖和尾鳍尖呈白色，前鼻瓣稍长且呈明显的管状。

体长 175 cm

生活习性 栖息于潟湖和外礁区，栖息深度为 1~330 m。白天常在洞穴里、悬垂物下方或者海底沙石地上休息。单独或集群活动。主要在夜晚捕食珊瑚鱼和二鳃亚纲动物。

分布 从红海、非洲东岸至日本南部、夏威夷群岛和巴拿马

尖齿柠檬鲨

Negaprion acutidens

背鳍几乎一样高，体表呈黄褐色或褐色。

体长 310 cm

生活习性 栖息于浅海湾、潟湖和河口湾，也会出现在露出海面的礁石附近。常在底层水域活动，捕食底栖的硬骨鱼和鳐。通常比较胆小，但易被激怒，因此有潜在的危险性。潜水员千万不要挑衅它们。

分布 从红海、非洲东岸至中国台湾、密克罗尼西亚和法属波利尼西亚

鼬鲨

Galeocerdo cuvier

头宽而方，体表有深色环纹。

体长　550 cm

生活习性　通常栖息于潟湖、海湾、外礁区和近海珊瑚礁区，栖息深度为 1~300 m。白天常在深水域活动，夜晚则游到岸边的浅水域。活动区域广而多变，有时会洄游超过 3000 km。十分凶猛，但很少攻击人类。

分布　热带海域，受季节性因素影响也见于亚热带海域

路氏双髻鲨

Sphyrna lewini

头部边缘呈波浪形。

体长　400 cm

生活习性　通常栖息于海底斜坡、海底山脊和近海岛屿，栖息深度为 1~275 m。主要以鱼，特别是魟为食。通常无攻击性，偶尔也会做出威胁行为，目前未发生攻击人类的事件。

分布　环热带海域

浅海长尾鲨

Alopias pelagicus

尾鳍上尾叶尤其长，这是长尾鲨家族的标志性特征。与外形相似的弧形长尾鲨一样，其胸鳍基部呈白色。

体长　约 350 cm

生活习性　深海鲨，栖息深度为 1~150 m。偶尔靠近海岸，尤其是近海珊瑚礁和海底山脊附近。以硬骨鱼和鱿鱼为食。

分布　从红海、非洲东岸至加拉帕戈斯群岛和塔希提岛

鳐形总目

Batoidei

鳐是一类身体扁平、呈圆盘状的软骨鱼，多栖于海底，游动时胸鳍呈波浪状摆动，潜水员在浅海中能清晰地看到它们的动作。大多数鳐爱藏身于海底沙地，甚至会用沙子把眼睛和呼吸孔也埋起来。蝠魟和鹞鲼则生活在水流中，它们宽阔的三角形胸鳍展开后呈翼状，能帮助它们一下子游到很远的地方。鳐尾部有一根或多根用于防御的毒刺。

电鳐科 / 双鳍电鳐科

Torpedinidae / Narcinidae

印尼电鳐

Narcine sp.

体表有红棕色斑点。

体宽　体盘宽约 30 cm

生活习性　栖息于沙地等软底质区，可能暂未被定种，一说为饰妆双鳍电鳐的变种。

分布　从爪哇岛至科莫多岛

魔电鳐

Torpedo panthera

身体前部直而挺，体表遍布白色斑点。

体宽　100 cm

生活习性　栖息于近礁沙地和软泥地，栖息深度为 0.5~55 m。有一定的攻击性，游动时受到干扰会反击——释放电压不超过 200 V 的电流。

分布　红海和波斯湾

犁头鳐科

Rhinobatidae

哈氏蓝吻犁头鳐

Glaucostegus halavi

背鳍几乎一样高。

体宽　170 cm

生活习性　栖息于沙地、海藻丛、海湾及岸礁区，栖息深度为 1~45 m。主要捕食大型甲壳动物。

分布　从红海、阿曼湾至地中海

魟科
Dasyatidae

古氏魟
Dasyatis kuhlii

体表遍布蓝色斑点，尾刺很长，末端常有白色条纹。

体宽 体盘宽 50 cm

生活习性 偏爱栖息于潟湖和外礁沙地，栖息深度为 1~90 m，经常将身体埋在沙子里。以沙子里的无脊椎动物为食。

分布 从非洲东岸至日本南部、密克罗尼西亚、萨摩亚群岛和新喀里多尼亚

费氏窄尾魟
Himantura fai

体盘呈菱形，通体呈浅灰色或褐色。尾部长度可达体盘宽度的3倍。

体宽 体盘宽 150 cm

生活习性 栖息于潟湖和外礁沙地，栖息深度为 1~200 m，大多单独活动，有时集群。

分布 从南非、马尔代夫、印度、泰国至马里亚纳群岛、澳大利亚西北部和土阿莫土群岛

花点窄尾魟
Himantura uarnak

浅色体表上布满黑色斑点。

体宽 体盘宽 150 cm

生活习性 栖息于潟湖、外礁区和河口湾的近礁泥沙地。常将身体埋入沙中。以鱼、甲壳动物、软体动物甚至水母为食。

分布 从红海、非洲东岸至日本西南部、菲律宾和法属波利尼西亚（有时会经苏伊士运河迁徙至地中海东部）

褶尾萝卜魟

Pastinachus sephen

通体呈深褐色，尾部后下方较宽。

体宽 体盘宽 180 cm

生活习性 栖息于珊瑚礁区、海岸和河口湾附近的泥沙地，栖息深度为 1~60 m。以甲壳动物、鱼和软体动物为食。

分布 从红海、非洲东岸、波斯湾至日本西南部、帕劳、新喀里多尼亚和澳大利亚东南部

蓝斑条尾魟

Taeniura lymma

体表呈橄榄色，布满大而明亮的蓝色圆点。

体宽 体盘宽 90 cm

生活习性 栖息于珊瑚礁附近的沙砾地，栖息深度为 2~30 m，喜欢待在悬垂物或桌形轴孔珊瑚下方以及洞穴中。白天和夜晚都很活跃。比较胆小。以软体动物和虾为食，会频繁寻找清洁站。

分布 从红海、阿曼、非洲东岸至菲律宾、斐济和澳大利亚东部

迈氏条尾魟

Taeniura meyeni

灰色体盘上有诸多大小不一、形状各异的黑斑。

体宽 体盘宽 164 cm

生活习性 栖息于珊瑚礁和岩礁附近的沙砾地，栖息深度为 3~500 m，以底栖鱼和贝类、蟹等无脊椎动物为食，常在沙地中“吹”出一块凹地以储存食物。

分布 从红海、非洲东岸至日本南部、加拉帕戈斯群岛以及澳大利亚

糙沙粒魟

Urogymnus asperrimus

体表呈浅灰色，长有锥形棘，没有尾棘。

体宽　体盘宽 100 cm

生活习性　栖息于珊瑚礁、沙砾地和海藻丛遮蔽区。以蟹、蠕虫和鱼为食。罕见，胆子比较大。

分布　从红海、阿曼、非洲东岸至马绍尔群岛、澳大利亚大堡礁和斐济

鲼科

Myliobatidae

纳氏鹞鲼

Aetobatus narinari

体表背面有白色斑点，吻突出。

体宽　展开后宽 230 cm

生活习性　偏爱栖息于珊瑚礁区和潟湖，栖息深度为 1~80 m。通常单独或集群活动。以沙地和软泥地中的软体动物和蟹为食。大多生性胆小。

分布　环热带海域

印度蝠鲼

Mobula thurstoni

头鳍窄而硬，吻不像前口蝠鲼的吻那样长在头部，而是长在身体腹面。

体宽　展开后宽 180 cm

生活习性　栖息于深海或岩礁附近，通常单独或集群活动以滤食水中的浮游生物。有两种蝠鲼（褐背蝠鲼和侏儒蝠鲼）与印度蝠鲼十分相似，潜水员在水下极难将它们辨别开来。

分布　环热带海域

阿氏前口蝠鲼

Manta alfredi

头鳍宽阔且可摇动，体表背面颜色较深、腹面颜色较亮，但局部或黑或白，体色类型较多。

体宽　550 cm

生活习性　栖息深度最深达 40 m。通常单独或集群活动，定期去清洁站清除寄生虫。在水中游动时会张大嘴巴滤食浮游生物。通常在离岸几千米远的海域游动，常出现在珊瑚礁附近。近亲双吻前口蝠鲼体形更大，胸鳍展开后体宽达 700 cm，分布范围更广且离岸较远，还会进行长途迁徙。因此，潜水员在岩礁和珊瑚礁附近见到的多为阿氏前口蝠鲼。直到多年前，人们还认为全世界只有 1 种前口蝠鲼，即双吻前口蝠鲼。生物学家安德莉亚・马歇尔在 2009 年发表的研究称全球至少有 2 种前口蝠鲼，甚至可能有 3 种。

分布　环热带海域的近岸和近礁

爪哇裸胸鳝

Gymnothorax javanicus

体表呈深棕色，有一些小黑斑。

体长　239 cm

生活习性　栖息于潟湖和外礁区，栖息深度为 1~46 m。常在礁区的缝隙和洞穴中休息。海鳝科最重的一种鱼（最重可达 35 kg）。主要捕食鱼、幼年灰三齿鲨、蟹和章鱼。通常较温顺，甚至能接受潜水员喂食，但也曾发生无端咬伤人的事件。

分布　从红海、非洲东岸至日本西南部、夏威夷群岛（罕见）、巴拿马和皮特凯恩群岛

海鳝科

Muraenidae

海鳝科鱼主要在黄昏和夜晚活跃，白天则躲藏在岩礁缝隙中，大多直到夜晚才穿梭于礁石间以觅食。它们主要依靠灵敏的嗅觉来发现鱼、甲壳动物或章鱼。海鳝科的有些物种牙齿短而钝，能咬开蟹壳；有些则长有针状尖牙，这种牙齿适合用来咬住湿滑的猎物。它们有节奏地张合嘴巴的行为很容易被误解为在示威，但其实是在呼吸。它们将嘴巴大大张开的时候才是真的在示威。

与身体同样细长的蛇不同的是，海鳝科鱼体形侧扁、皮肤表面无鳞。该科的有些物种雌雄同体，有些则会进行性别转换——先为雄性，后转变为雌性。

布氏裸胸鳝

Gymnothorax breedeni

眼下方有深色大斑块。

体长　120 cm

生活习性　栖息于海水清澈的外礁区，栖息深度为 1~425 m。通常将身体藏在岩礁狭窄的裂缝中，仅露出头部。具攻击性，被靠得太近时会快速咬住对方。

分布　从非洲东岸、塞舌尔、马尔代夫、圣诞岛至所罗门群岛、莱恩群岛和法属波利尼西亚

裸犁裸胸鳝

Gymnothorax nudivomer

口内呈黄色，鳃呈淡黄色且边缘颜色较深。

体长　120 cm

生活习性　偏爱在外礁区水深 1~165 m 的海域活动，白天单独或成对在岩洞里休息，夜晚觅食。被靠近时会张大嘴巴展示口内的黄色警戒色，皮肤上的黏液有毒。

分布　从红海、非洲东岸至日本西南部、夏威夷群岛和法属波利尼西亚

云纹裸胸鳝

Gymnothorax chilospilus

下唇周围常有白斑，体表有形状不规则的褐色斑块。

体长　50 cm

生活习性　栖息于潟湖、岩礁区和外礁坡的上坡，栖息深度为 0.5~45 m。常出现在水深仅几米的浅海。

分布　从阿曼至日本南部和法属波利尼西亚

黑环裸胸鳝

Gymnothorax chlamydatus

体表呈乳白色且有深色斑点，中间有一块黑色环状斑块。

体长　70 cm

生活习性　栖息于水深 8~30 m 的泥沙地，会用尾巴在软底质海底钻洞。

分布　从印度尼西亚至菲律宾、日本西南部和中国台湾

豆点裸胸鳝

Gymnothorax favagineus

体表底色为白色，上面遍布黑色斑点，留白空间非常有限，以至于整个体表图案看上去呈网状。

体长　220 cm

生活习性　栖息于潟湖和外礁区，栖息深度为 1~50 m。胆子比较大，能接受潜水员靠近自己。白天和夜晚都很活跃，虽然白天也常静静地待在一个地方。

分布　从非洲东岸、红海南部、阿曼至中国台湾、澳大利亚大堡礁和萨摩亚群岛

细斑裸胸鳝

Gymnothorax fimbriatus

头部呈黄绿色，躯干呈淡橄榄色，体表有不规则的黑斑。

体长　80 cm

生活习性　栖息于潟湖和外礁区，栖息深度为 1~50 m。白天罕见，可能夜晚比较活跃。以鱼和甲壳动物为食。

分布　从毛里求斯、塞舌尔至日本西南部、澳大利亚大堡礁和社会群岛

黄边裸胸鳝

Gymnothorax flavimarginatus

体表遍布黄褐色斑点，吻部呈赤褐色，眼睛虹膜呈橙色。

体长　120 cm

生活习性　栖息于潟湖、珊瑚礁区和岩礁区，栖息深度为 0.3~150 m。常从洞穴中向外张望，以鱼和甲壳动物为食。会由雌性转变成雄性。

分布　从红海、非洲东岸至日本西南部、夏威夷群岛、巴拿马和新喀里多尼亚

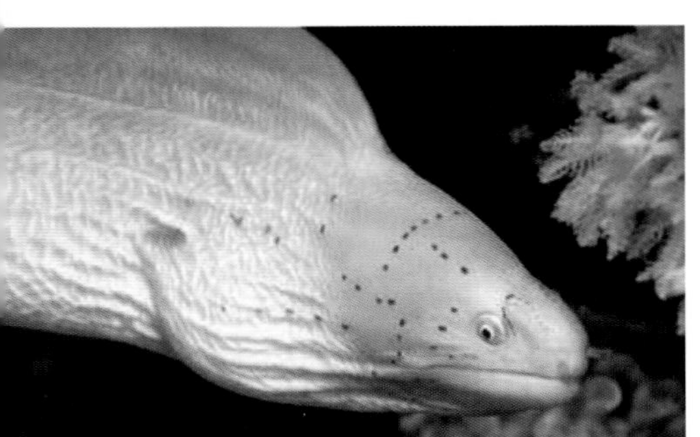

灰裸胸鳝

Gymnothorax griseus

体表呈灰白色，头部有小斑点。

体长　65 cm

生活习性　栖息于珊瑚礁区和岩礁区，栖息深度为 1~30 m。白天常在海藻丛与砾石地之间自由穿梭。以鱼和甲壳动物为食。幼鱼常集群活动。

分布　从红海、非洲东岸、阿曼至印度西部、塞舌尔、马达加斯加和毛里求斯

斑点裸胸鳝

Gymnothorax meleagris

体表呈棕色，有很多白色斑点，口内呈白色。

体长　120 cm

生活习性　栖息于珊瑚茂盛、水质清澈的潟湖和外礁区，栖息深度为 0.3~36 m。白天和夜晚都很活跃，主要捕食鱼和蟹，有毒。据说曾被鮗科鱼模仿，但尚未被证实。

分布　从非洲东岸、红海南部至日本西南部、夏威夷群岛、加拉帕戈斯群岛和澳大利亚南部

密点裸胸鳝

Gymnothorax thyrsoideus

虹膜呈白色，非常显眼，吻钝。

体长　66 cm

生活习性　栖息于有沉积物的潟湖和沿海珊瑚礁潮汐带，栖息深度不超过 25 m，经常出现在潮汐池里以及沙地和泥坡上。成对或聚成小群活动，也会与海鳗科的其他鱼一同活动。

分布　苏门答腊岛、澳大利亚圣诞岛、日本西南部和法属波利尼西亚

云纹蛇鳝

Echidna nebulosa

体表底色为乳白色，有较大的棕色斑块和较小的黄色斑点。

体长　75 cm

生活习性　栖息于潟湖和外礁潮汐带，栖息深度不超过 30 m，也见于岩礁区和土质松软的地带，夜晚比较活跃。可以暂时离开大海去捕捉岩石海滩上的蟹。幼鱼常出现在潮汐池的礁石附近。

分布　从红海、非洲东岸至日本西南部、夏威夷群岛、巴拿马和法属波利尼西亚

右图　云纹蛇鳝夜晚常到开阔地带捕食蟹和虾蛄，偶尔也吃小鱼和二鳃亚纲动物。

多带蛇鳝

Echidna polyzona

体表深色的环纹会随着年龄的增长而消失，幼鱼体表底色为白色，上面有褐黑色环纹。

体长　60 cm

生活习性　栖息于沿海珊瑚礁区和潟湖水深 1~15 m 处。白天常隐藏在礁石缝隙中，夜晚捕食虾、蟹，也常在沙地上活动。会在咬食之前检查猎物。

分布　从红海、非洲东岸至日本西南部、夏威夷群岛、澳大利亚大堡礁和法属波利尼西亚

拟蛇鳝

Pseudechidna brummeri

体表由奶油色过渡至浅灰色，鳍边缘有白色窄条纹，头部有深色斑点。

体长　103 cm

生活习性　栖息于沿海珊瑚礁保护区水深 1~10 m 处（栖息地极其隐蔽），大多仅在夜晚现身。

分布　从非洲东岸至日本西南部、马里亚纳群岛、帕劳、库克群岛和斐济

大口管鼻鳝

Rhinomuraena quaesita

身体细长、略侧扁，漏斗形鼻管非常大且向前伸得极远。

体长 120 cm

生活习性 栖息于潟湖和外礁沙砾地，栖息深度为1~57 m。这种奇特的五彩海鳝一生会经历两次体色变化和一次性别变化。幼鱼体表呈黑色，背鳍呈黄色；雄鱼体表呈亮蓝色，背鳍和吻部呈黄色；雌鱼（从体长约 85 cm 后开始变色）体表先变成浅黄色，最后呈金黄色。它们不喜迁徙，多在岩礁和珊瑚礁附近的沙石洞里休息，常从洞穴中探出头部或上半截身体。在海底呈波浪状蜿蜒前行。食小鱼。

分布 从非洲东岸至日本西南部、马绍尔群岛、澳大利亚和土阿莫土群岛

蛇鳗科
Ophichthidae

蛇鳗科鱼多栖息于泥沙地，爱将身体藏在泥沙中，只露出头或眼睛。潜水员在夜晚潜水时常见到它们。它们常被误认为海蛇，但海蛇体表有明显的鳞片，蛇鳗科鱼则皮肤光滑。此外，蛇鳗科鱼背鳍边缘有窄条纹，且有胸鳍，海蛇则没有。大多数蛇鳗科鱼有坚硬的、越往后越窄的尾巴，可用尾尖迅速向后在软底质地面上挖洞以钻进去。

鳄形短体蛇鳗
Brachysomophis crocodilinus

两眼靠前，大多通体呈奶油色或浅棕色，体表有深色小斑点。

体长 80 cm

生活习性 爱将身体埋在沙中潜伏着，常露出头探查猎物动静。

分布 从马达加斯加至日本西南部、澳大利亚和法属波利尼西亚

亨氏短体蛇鳗
Brachysomophis henshawi

通常体表呈红色，但也有体表呈奶油色或白色的个体。

体长 106 cm

生活习性 栖息于水深 1~25 m 的泥沙地，常将身体埋在沙中，只露出头，以伏击猎物。

分布 从阿拉伯海至日本南部、夏威夷群岛和马克萨斯群岛

半环盖蛇鳗
Leiuranus semicinctus

体表有很宽的棕黑色环纹。

体长 65 cm

生活习性 栖息于潟湖、外礁沙地和海藻丛，栖息深度为 1~12 m。以鱼和甲壳动物为食。

分布 从非洲东岸至日本南部、密克罗尼西亚、夏威夷群岛、澳大利亚东南部和法属波利尼西亚

云纹丽蛇鳗

Callechelys marmorata

体表呈白色或奶油色，遍布深色斑点。

体长 87 cm

生活习性 栖息于周围海水清澈的外礁沙地，栖息深度为 3~25 m。通常将身体埋在沙中，只露出圆锥形的头向外探看。以小鱼和甲壳动物为食。

分布 红海、非洲东岸（南至莫桑比克）、马绍尔群岛和法属波利尼西亚

斑竹花蛇鳗

Myrichthys colubrinus

体表有黑色环纹，环纹间偶有斑点。人们很容易将本种与蓝灰扁尾海蛇（第 338 页）混淆。

体长 90 cm

生活习性 栖息于海湾、潟湖、外礁沙地和海藻丛，栖息深度为 0.3~25 m。主要在夜晚捕食鱼和甲壳动物。

分布 从红海、非洲东岸至日本西南部、澳大利亚大堡礁和法属波利尼西亚

斑纹花蛇鳗

Myrichthys maculosus

体表底色为乳白色或浅黄色，遍布黑色大斑点。

体长 100 cm

生活习性 栖息于海湾、潟湖和外礁，栖息深度为 0.3~30 m（也有记载称它们曾出现在水深 262 m 的地方）。常在夜晚觅食，白天偶尔也会出现在洞穴外的沙地和海草床上。以鱼和甲壳动物为食。

分布 从红海、非洲东岸至日本西南部、澳大利亚东南部和法属波利尼西亚

鲍氏蛇鳗

Ophichthus bonaparti

体表底色为奶油色或浅白色，上面有深色环纹。头部呈浅青铜色，有深棕色斑纹。

体长　75 cm

生活习性　栖息于沿海水域和外礁沙地，栖息深度为 1~20 m。通常将身体埋在沙中，只露出头，以捕食小鱼和二鳃亚纲动物。通过撕咬自卫。

分布　从非洲东岸至日本南部和社会群岛

右图　即使在夜晚，这种鱼觅食时也不会自由自在地游来游去，而是像一个伏击者，只露出斑纹独特（与身体其余部位的斑纹截然不同）的头向外探看。

高鳍蛇鳗

Ophichthus altipennis

头部呈深褐色，有一些黑色斑点。鼻管呈蓝灰色，眼前方的那片灰白色的斑是其一大特征，胸鳍呈黑色。

体长　80 cm

生活习性　栖息于沿海水域和海湾水深 3~10 m 处的软底质区，通常将身体埋在地下，只露出头向外探看。

分布　从马来西亚至日本南部、马绍尔群岛和法属波利尼西亚

多斑蛇鳗

Ophichthus polyophthalmus

体表从后往前通常由红棕色过渡至鲑鱼色（头部一般呈鲑鱼色），身上有许多黑缘黄色眼斑。

体长　35 cm

生活习性　栖息于潟湖和外礁沙砾地，栖息深度为 1~20 m。

分布　从毛里求斯、留尼汪岛至密克罗尼西亚、夏威夷群岛和法属波利尼西亚

康吉鳗科

Congridae

拟穴美体鳗

Ariosoma anagoides

瞳孔非常大，虹膜呈银色。

体长　50 cm

生活习性　栖息于沿海水域和海湾泥沙地，栖息深度为 0~20 m。很少见，通常躲藏在泥沙地中，夜晚会出来觅食。

分布　印度尼西亚、菲律宾、澳大利亚

条纹美体鳗

Ariosoma fasciatum

体表底色为白色或者浅棕色，遍布不规则的棕色大斑点。

体长　60 cm

生活习性　栖息于潟湖和外礁泥沙地，栖息深度为 2~32 m。可以借助于坚硬的尾鳍在松软的地面上钻洞。

分布　从马达加斯加至印度尼西亚、马绍尔群岛、夏威夷群岛和法属波利尼西亚

大斑园鳗

Gorgasia maculata

体表呈浅绿灰色，体侧有一排白色斑点，头部有少量白斑。

体长　55 cm

生活习性　栖息于珊瑚礁沙地，栖息深度为 10~45 m。通常集群活动。

分布　从科摩罗、塞舌尔、马尔代夫和安达曼海至菲律宾、所罗门群岛和斐济

哈氏异康吉鳗

Heteroconger hassi

体表呈浅白色，遍布黑色小斑点（有一变种体表有许多小圆点），鳃开口处和背部各有一块大黑斑。

体长　40~70 cm

生活习性　栖息于潟湖和外礁沙地，栖息深度为 5~40 m。大多聚成大群活动。

分布　从非洲东岸、塞舌尔、马尔代夫至日本西南部、莱恩群岛和汤加

鳗鲇科
Plotosidae

线纹鳗鲇
Plotosus lineatus

身体呈鳗型，口周围有 4 对须，体侧有 2 条白色竖条纹。
体长　33 cm
生活习性　栖息于潟湖、岸礁以及近礁的海藻丛和沙地，栖息深度为 1~60 m，大多在水深不超过 30 m 的地方活动。幼鱼会密集、紧凑地聚在一起呈球状向前游动，这个不断向前“转动”的“球”中的每一个个体都要不断变换位置。以底栖小型甲壳动物和软体动物为食。背鳍和胸鳍的第一鳍棘有毒。对捕食者而言，本种的毒棘和幼鱼独特的球形活动行为都具有很大的威慑力。成鱼在白天或集群活动，或独自待在悬垂物下。
分布　从红海、非洲东岸至韩国、科斯雷岛、澳大利亚东南部和萨摩亚群岛

裸鳗䲁科
Pholidichthyidae

白条锦鳗䲁
Pholidichthys leucotaenia

幼鱼体表有白色竖条纹。
体长　34 cm
生活习性　栖息于水深 3~25 m 处的礁石缝隙及悬垂物下。潜水员通常只能见到本种体长不超过 5 cm 的幼鱼群，它们都将自己伪装成线纹鳗鲇。成鱼藏得极其隐蔽，不易被发现，体色多样。
分布　从印度尼西亚东部至菲律宾、所罗门群岛和新喀里多尼亚

狗母鱼科
Synodontidae

这些有着圆柱形身体、大嘴和尖牙的小型伏击者在大多数海域可见。它们通常单独或成对一动不动地待在沙石地上、岩礁中或珊瑚礁中，伺机捕食游来的小鱼。它们会以闪电般的速度捕捉猎物并将其整个吞下，甚至能以同样的速度挺身跃到数米高的地方偷袭在海底上方游动的鱼。潜水员足够小心的话通常能接近它们，但它们最后往往还是会逃到几米外的地方。

杂斑狗母鱼
Synodus variegatus

体侧浅色和深色的方形斑块交错排列。

体长　26 cm

生活习性　栖息于潟湖和外礁区，栖息深度为 5~70 m。多出现在珊瑚礁或岩礁底部，通常成对活动。一般每隔几分钟会换个地方待着。

分布　从红海、非洲东岸至日本西南部、夏威夷群岛和法属波利尼西亚

双斑狗母鱼

Synodus binotatus

背上有一对深色斑块。
体长 16 cm
生活习性 栖息于外礁沙地，栖息深度为 1~30 m。通常单独或成对在浅海域的硬底质区活动。
分布 从亚丁湾、非洲东岸至中国台湾、夏威夷群岛、澳大利亚大堡礁和汤加

革狗母鱼

Synodus dermatogenys

体侧有 8~9 块深色斑，斑与斑之间的区域颜色较亮。
体长 22 cm
生活习性 栖息于潟湖和外礁区，栖息深度为 1~70 m。通常单独、成对或聚成小群在沙砾地上活动，并将身体除眼睛和鼻孔外的部位埋在沙中。
分布 从红海、非洲东岸至日本西南部、夏威夷群岛、澳大利亚东南部和法属波利尼西亚

细蛇鲻

Saurida gracilis

后半身有 2~3 块深色斑。
体长 32 cm
生活习性 偏爱在潟湖浅水区和外礁遮蔽区活动，通常直接躺在沙砾地上或将身体局部埋在沙中。
分布 从红海、非洲东岸至日本西南部、夏威夷群岛和法属波利尼西亚

大头狗母鱼

Trachinocephalus myops

吻极短，眼睛极靠前。
体长 25 cm
生活习性 栖息于水深 3~400 m 处的软底质区，大多数时候将身体埋在沙中，仅露出头向外探望。以鱼和甲壳动物为食。
分布 全球热带和温带海域（东太平洋除外）

躄鱼科
Antennariidae

躄鱼科鱼可以通过改变体色完美地融入环境或与环境形成强烈对比，它们适应周围的环境大多只需要几天时间。由于它们的“彩色连衣裙”样式众多，因此不同体色的同一物种很容易被误认为不同的物种。位于上吻部的背鳍的第一鳍棘演化成了钓竿状，这根“钓竿”很薄，能动，末端有肉肉的“钓饵”。一旦有鱼被“钓饵”吸引而来，它们便会以迅雷不及掩耳之势将其大口吞下，这一过程就发生在 0.006 秒之内，其他任何脊椎动物都不能以如此快的速度捕食。它们能用手臂状胸鳍和腹鳍在海底缓慢走动，能利用反冲力短距离地游动，还能将海水吸入口中再从类似于喷嘴的鳃孔中喷出。

康氏躄鱼

Antennarius commerson

躄鱼科中体形最大的一种鱼。体色变化极其丰富，通常能适应环境（左页图中的两条康氏躄鱼体色就不同）。体表有少量结状突起，有时候身上的突起比较显眼（右图）。

体长　36 cm

生活习性　栖息于潟湖和外礁区 1~70 m 处。常出现在海绵上，大多单独活动，偶尔成对活动。

分布　从红海、非洲东岸至日本西南部、夏威夷群岛和中美洲

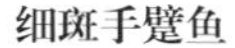

细斑手躄鱼

Antennatus coccineus

背鳍和臀鳍延伸至尾鳍基部。

体长　12 cm

生活习性　栖息于潟湖、外礁和沿海水域遮蔽区，栖息深度不超过 70 m。通常出现在浅海域，主要在岩礁和砾石附近活动，生性胆小，爱藏匿。

分布　从红海、非洲东岸至日本西南部、澳大利亚和中美洲

多斑躄鱼

Antennarius multiocellatus

体表呈深棕色或者灰黑色，背鳍后下方有一条橙色环纹。

体长　5 cm

生活习性　栖息于水深 0~30 m 处的沙砾地。

分布　印度尼西亚东部（巴厘岛、苏拉威西岛、阿洛群岛）和菲律宾

毛躄鱼

Antennarius hispidus

体表常长有深色长条纹，有些体色的个体近似于带纹躄鱼。“钓竿”与第二鳍棘的长度相当，球状“钓饵”上有细微的绒丝。

体长　18 cm

生活习性　栖息于岩礁和珊瑚礁沙地，栖息深度为 3~70 m。常出现在叶子周围并模仿叶子，这样即使暴露在外也很不起眼。

分布　从非洲东岸至中国台湾、斐济和澳大利亚

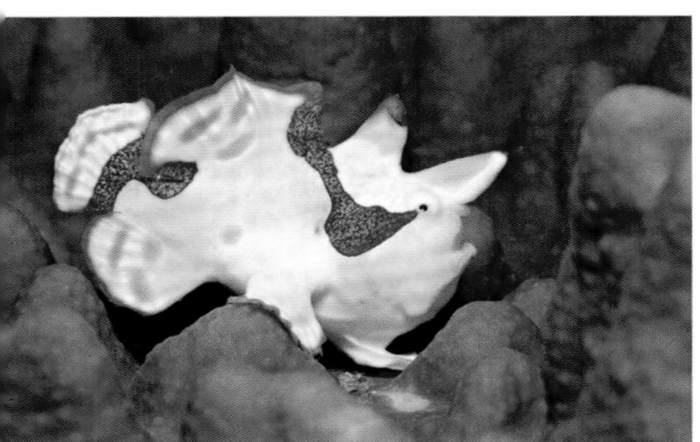

大斑躄鱼

Antennarius maculatus

体表有很多瘤状或结状突起，以及极不规则的深色斑点。“钓竿”比第二鳍棘长，体色极其多变。

体长 8~11 cm

生活习性 栖息于水深 1~15 m 处的岩礁遮蔽区。会在不同基质的海底活动，相对常见。除在珊瑚碎石地、岩石和沙地上活动外，也爱在海绵上活动。

分布 从非洲东岸（红海可能也有）至毛里求斯、日本西南部、马里亚纳群岛、所罗门群岛和澳大利亚大堡礁

幼鱼（中图）通常呈白色，体表有醒目的橙红色斑纹。一些变种（下图）体表有许多紧密的瘤状突起。

带纹躄鱼

Antennarius striatus

本种的“钓竿”通常非常容易辨别，长度大概是第二鳍棘的 2 倍，长有吻触手，吻触手端部是蠕虫般显眼的“钓饵”（上图最左侧的黄色簇状物）。体表有黑褐色条纹和圆斑。与毛躄鱼是近亲（都有绒球一样的“钓饵”）。

体长 22 cm

生活习性 栖息于近礁泥沙地，栖息深度为 3~200 m。体色极其丰富，有些体表光滑，有些体表长有许多长毛。

分布 从红海、非洲东岸至日本西南部以及所罗门群岛

本种的白色变种（中图，有延伸出去的“钓竿”）和橙色变种（下图）通常“脚”上有斑，这是它们与毛躄鱼的主要区别。

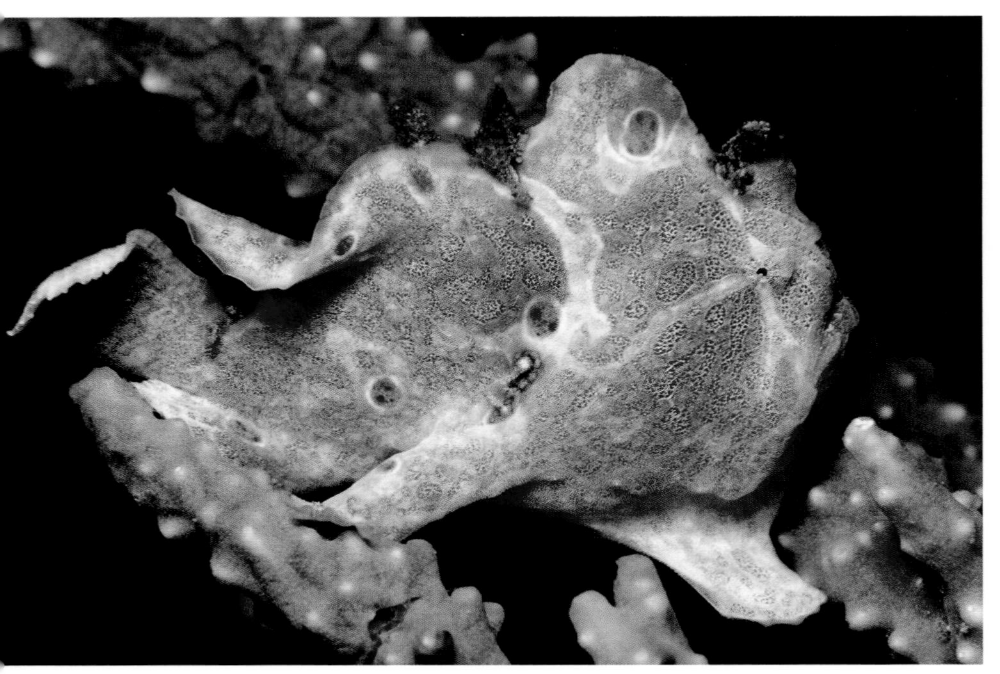

白斑躄鱼

Antennarius pictus

本种“钓竿”的长度是第二鳍棘的 2 倍，体色极其丰富，只需几天就能通过改变体色来适应新环境。

体长　16 cm

生活习性　偏爱在岸礁和潟湖遮蔽区活动，偶尔也出现在礁石附近的沙地或卵石地上，通常栖息于海绵或其他保护体，栖息深度为 3~70 m。

分布　从红海、非洲东岸至日本西南部、夏威夷群岛和澳大利亚

幼鱼（中图）通常体表呈黑色，有橙色斑点，鳍边缘呈蓝色。本种已知的体色有火红色（下图）、黑色、黄色、橙色和橄榄棕色，大多数体表长有典型的圆斑。

尖吻棘鳞鱼

Sargocentron spiniferum

鳃盖上有很长的棘刺。

体长 45 cm

生活习性 栖息于潟湖和外礁区，栖息深度为 1~120 m。白天不活跃，常漂游在珊瑚悬垂物下、洞穴前或桌形轴孔珊瑚下，夜晚则捕食虾、蟹及小鱼。鳂科中体形最大的鱼，胆子比较大。

分布 从红海、非洲东岸至日本南部、密克罗尼西亚、夏威夷群岛和法属波利尼西亚

鳂科

Holocentridae

红色是这个家族大多数物种的主导色。鳂科下分两个亚科：锯鳞鱼亚科和鳂亚科。鳂科鱼都在夜晚活动，都有大而对光敏感的双眼以及清晰可见的鳞片。两个亚科的鱼最明显的差异在于：鳂亚科鱼头部逐渐变细、变尖，鳃盖棘坚硬；锯鳞鱼亚科鱼则有着短而钝的圆脑袋，基本没有鳃盖棘，有也非常小。尽管它们都在夜晚活动，但在白天可接近，因为白天它们通常静静地待在洞穴前、悬垂物周围或桌形轴孔珊瑚附近。有些物种单独活动，有些则集群活动。夜晚，它们会离开白天的居所，锯鳞鱼亚科鱼在开放水域捕食浮游动物，鳂亚科鱼则以甲壳动物、蠕虫等为食，也吃小鱼。

尾斑棘鳞鱼

Sargocentron caudimaculatum

体表呈红色，鳞边缘和尾柄呈白色（尾柄在夜晚会变红）。

体长 25 cm

生活习性 栖息于潟湖和外礁珊瑚茂盛的地方，栖息深度为 2~50 m。通常单独或聚成松散的群活动，偏爱躲藏在易于藏身的地方，比如悬垂物下和洞穴前。夜晚捕食小鱼和蟹。

分布 从红海、阿曼南部、非洲东岸至日本南部、密克罗尼西亚、澳大利亚大堡礁以及法属波利尼西亚

黑鳍棘鳞鱼

Sargocentron diadema

体表呈红色，有白色条纹，第一背鳍红黑相间。

体长 17 cm

生活习性 栖息于潟湖和外礁区，栖息深度为 2~60 m。白天通常单独或聚成小群在悬垂物下方或洞穴前方活动，夜晚在海底沙地捕食腹足类动物、蠕虫和小型甲壳动物。

分布 从红海、阿曼、非洲东岸至日本西南部、夏威夷群岛、澳大利亚和法属波利尼西亚（有向地中海东部迁徙的趋势）

焦黑锯鳞鱼

Myripristis adusta

体表底色为浅色或灰白色，鳞边缘颜色较深。背鳍、臀鳍和尾鳍后缘呈黑色。

体长 32 cm

生活习性 栖息于外礁珊瑚茂盛的地方，栖息深度为 3~25 m。白天单独或聚成松散的群在悬垂物下方或洞穴中休息。

分布 从非洲东岸至日本西南部、密克罗尼西亚、莱恩群岛、新喀里多尼亚和法属波利尼西亚

白边锯鳞鱼

Myripristis murdjan

除了胸鳍之外的所有鳍边缘均有一条白色窄条纹。

体长　25 cm

生活习性　栖息于潟湖和外礁区，栖息深度为 2~50 m。白天通常单独或聚成小群在悬垂物下方或洞穴中休息，夜晚则四散开来去开放水域捕食幼虾等小型甲壳动物和蠕虫。

分布　从红海、非洲东岸至日本西南部、密克罗尼西亚、澳大利亚大堡礁和萨摩亚群岛

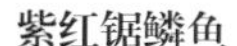

紫红锯鳞鱼

Myripristis violacea

体表呈银色，鳞边缘颜色较深，奇鳍尖呈红色，鳃盖边缘有红色条纹。

体长　20 cm

生活习性　栖息于潟湖和外礁珊瑚茂盛的地方，栖息深度为 3~25 m。与其他锯鳞鱼一样白天在易于藏身的地方休息，夜晚觅食。

分布　从非洲东岸至日本西南部、密克罗尼西亚、莱恩群岛、新喀里多尼亚和法属波利尼西亚

无斑锯鳞鱼

Myripristis vittata

体表呈橙色，第一背鳍尖呈白色。

体长　20 cm

生活习性　偏爱栖息于外礁悬垂物下，栖息深度为 3~80 m。白天通常在礁洞内或悬垂物下集群（有时聚成大群），大多在水深不足 10 m 的海域活动。

分布　从塞舌尔、马达加斯加、马斯克林群岛至日本西南部、夏威夷群岛、密克罗尼西亚、新喀里多尼亚和法属波利尼西亚

莎姆新东洋鳂

Neoniphon sammara

体表呈银色，有锈色窄条纹。第一背鳍前部有一个红黑色斑点。

体长　32 cm

生活习性　栖息于水深 3~45 m 处的各类珊瑚礁区，包括外礁陡坡、海草床上的小型珊瑚附近。通常单独活动，有时也会聚成松散的小群，偏爱在桌形轴孔珊瑚周围游荡。

分布　从红海、阿曼南部、非洲东岸至日本西南部、密克罗尼西亚、夏威夷群岛、澳大利亚大堡礁和法属波利尼西亚

管口鱼科 / 烟管鱼科
Aulostomidae / Fistulariidae

中华管口鱼
Aulostomus chinensis

体形细长，体表一般呈浅棕色并有浅白色竖条纹。可以快速改变体色并显现出黑色横条纹，在一些海域体色定期变黄（中图）。

体长　70 cm

生活习性　栖息于岩礁区和珊瑚礁区，栖息深度为 2~122 m。大多单独活动，偶尔成对或聚成松散的群活动。有时为了伪装会将身体竖着隐藏于软珊瑚枝杈间，或伪装成被大鱼驮着游动的样子，以便出其不意地捕食。

分布　从非洲东岸至日本南部、新西兰北部和太平洋东部

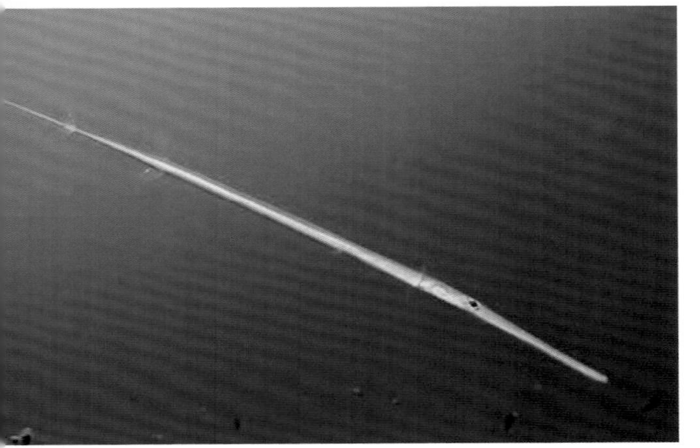

无鳞烟管鱼
Fistularia commersonii

尾部极长且像针一样细，能够在数秒内将体色变成灰白色或深灰褐色。

体长　150 cm

生活习性　几乎栖息于水深 1~128 m 处的所有珊瑚礁区。通常单独或聚成松散的群在珊瑚礁上缓慢游动，有时也潜伏在某处伺机捕食小鱼和甲壳动物。

分布　从红海、非洲东岸至日本西南部、夏威夷群岛、巴拿马、新西兰和法属波利尼西亚

颌针鱼科
Belonidae

鳄形圆颌针鱼
Tylosurus crocodilus

吻长而尖，牙齿像针一样。体表呈银色并发出浅蓝色的光。

体长 150 cm

生活习性 常栖息于靠近陆地的沿海水域，通常在珊瑚礁顶部或礁石边缘活动，也会访问清洁站，主要以鱼为食。

分布 环热带海域

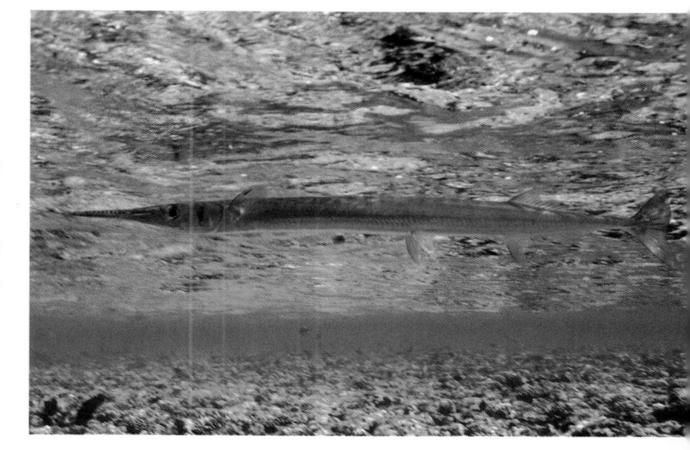

海蛾鱼科
Pegasidae

宽海蛾鱼
Eurypegasus draconis

体表覆有骨板，吻较长，体色会随周围环境改变。

体长 8 cm

生活习性 栖息于潟湖和风平浪静的海湾，栖息深度为 1~90 m。主要以小型无脊椎动物为食。通常在沙地、泥地和碎石地单独或成对活动，能借助于指状腹鳍在海底爬行。由于体表覆有坚硬的骨板，只能摆动尾巴，不能使身体弯曲。

分布 从红海、非洲东岸至日本西南部、密克罗尼西亚、马克萨斯群岛和社会群岛

剃刀鱼科
Solenostomidae

这是一个只有少数物种的家族。其中一些物种的体色富于变化，甚至形状也多变，还有一些物种尚未被明确记载。该科的雌鱼在体形上大多比雄鱼大，且与海龙科的情况不同的是，该科由雌鱼孵育后代。雌鱼腹鳍上的育儿囊内一次性可容纳几百颗卵，只需 10~20 天，呈透明状的幼鱼即可破壳而出。该科鱼主要通过管状长吻吸食虾和端足类动物。

细吻剃刀鱼
Solenostomus paradoxus

体表长有很多刺一样的皮肤附属物。体表底色会随环境改变，如变成白色、红色、粉色和黑色，上面长有白色、红色或黄色斑纹。

体长 11 cm

生活习性 栖息于岩礁区和珊瑚礁区，栖息深度为 3~30 m。通常为自保而藏于海百合、角珊瑚和黑珊瑚中。多成对出现，偶尔聚成小群活动。

分布 从红海（罕见）、非洲东岸至日本南部、马绍尔群岛、澳大利亚和斐济

蓝鳍剃刀鱼

Solenostomus cyanopterus

体色可变，体表通常呈棕色或绿色，也会呈淡奶油色，在极少数情况下呈红色。尾鳍和胸鳍大小可变。

体长 16 cm

生活习性 栖息于潟湖和沿岸珊瑚礁遮蔽区，栖息深度为 1~20 m。通常在沙地附近或海藻、海草间活动。常成对慢慢地游来游去，可以像波浪中漂浮的海草叶子一样来回摇摆。

分布 从红海、非洲东岸、毛里求斯至日本南部、澳大利亚和斐济

右图 一条棕褐色的蓝鳍剃刀鱼在一片棕色枯海草叶上方游动，它甚至在体表长出不规则的亮斑，以模拟海草叶上常见的硬皮状微生物。

马歇尔岛剃刀鱼

Solenostomus halimeda

头与躯干长度相当。体色富于变化，体表可呈绿色、浅灰色和红棕色。

体长 6.5 cm

生活习性 栖息于潟湖和岸礁遮蔽区，栖息深度为 3~20 m，于 2002 年首次被记载。通常在绿藻、珊瑚藻或沙砾地一带单独或成对活动。

分布 从马尔代夫至澳大利亚西北部、马绍尔群岛、印度尼西亚、巴布亚新几内亚和斐济

锯吻剃刀鱼

Solenostomus paegnius

浅棕色或浅灰色的须状物的数量不定。

体长 11 cm

生活习性 通常栖息于水深 5~20 m 处的沙砾地遮蔽区。

分布 从非洲东岸至日本、巴布亚新几内亚、所罗门群岛和斐济

海龙科
Syngnathidae

海龙科的物种身体无鳞，由层层骨环、单一背鳍、管状吻等组成。它们用管状吻吸出小型底栖无脊椎动物和浮游生物，并将其整个吞下。它们可以借助于可螺旋式卷曲的长尾巴紧附在海草、角珊瑚或其他海洋生物上，也可以摆动背鳍漂游在水中。该科的雄鱼负责孵卵。海龙科生物的繁殖始于雄鱼漫长而复杂的求爱仪式，这个仪式最长可持续 3 天，雌鱼会将卵产在雄鱼腹部的育儿囊中，由雄鱼负责受精并孵育（长达数周时间）。幼鱼孵出后会通过强有力的抽吸运动从育儿囊上的小口出去。雄鱼携带的卵清晰可见（第 53 页）。

虎尾海马

Hippocampus comes

通体呈黄色、黑色或灰色，并长有横条纹，横条纹一般不超过 15 条，主要见于尾部，部分清晰可见，部分几乎看不见。上图中的虎尾海马体表有深色或黑色条纹。雄鱼通常体表呈黑色，有黄色条纹。

体长　19 cm

生活习性　栖息于珊瑚礁和海湾遮蔽区，栖息深度为 2~20 m。大多单独或成对在水深不足 10 m 的珊瑚、海绵或海草间活动。夜晚捕食浮游动物。

分布　泰国、马来西亚、印度尼西亚、菲律宾和越南

刺海马

Hippocampus histrix

吻长，体表有尖而大的棘，体色多变，有黄色、红色、棕色或浅绿色。

体长　17 cm

生活习性　栖息于岸礁遮蔽区，栖息深度为 6~20 m。常在海草床和有软珊瑚、水螅纲生物、柳珊瑚、海绵、海藻的海域活动。

分布　从非洲东岸、毛里求斯至印度、菲律宾、日本南部、密克罗尼西亚、巴布亚新几内亚、萨摩亚群岛和汤加

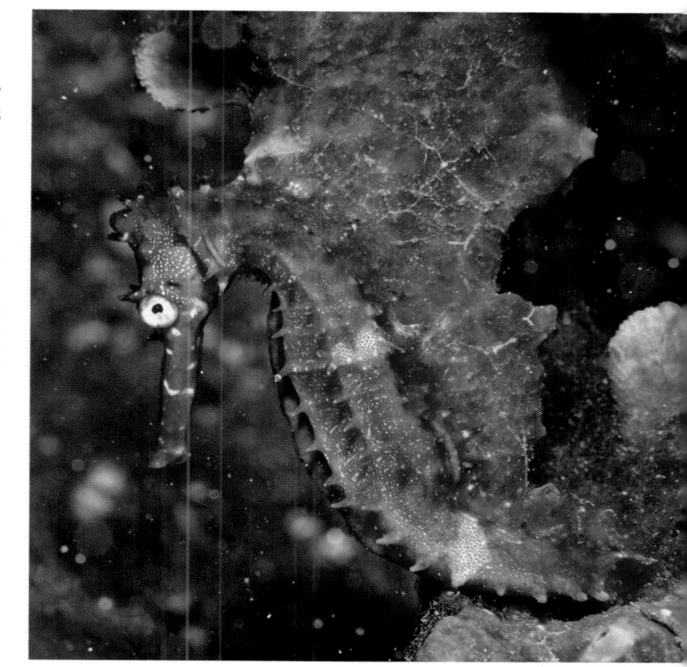

杰氏海马

Hippocampus jayakari

通体呈米色或浅棕色，也有呈鲜亮的黄色的个体。骨环上的棘尖端颜色通常较深。

体长　14 cm

生活习性　栖息于海湾和浅海珊瑚礁遮蔽区，栖息深度为 1~20 m。常在海藻、沙砾地混合区和海草床上活动，尾巴能紧紧“抓”住海中的植物（通常是喜盐草属植物）。

分布　从红海至阿曼、阿拉伯海和巴基斯坦

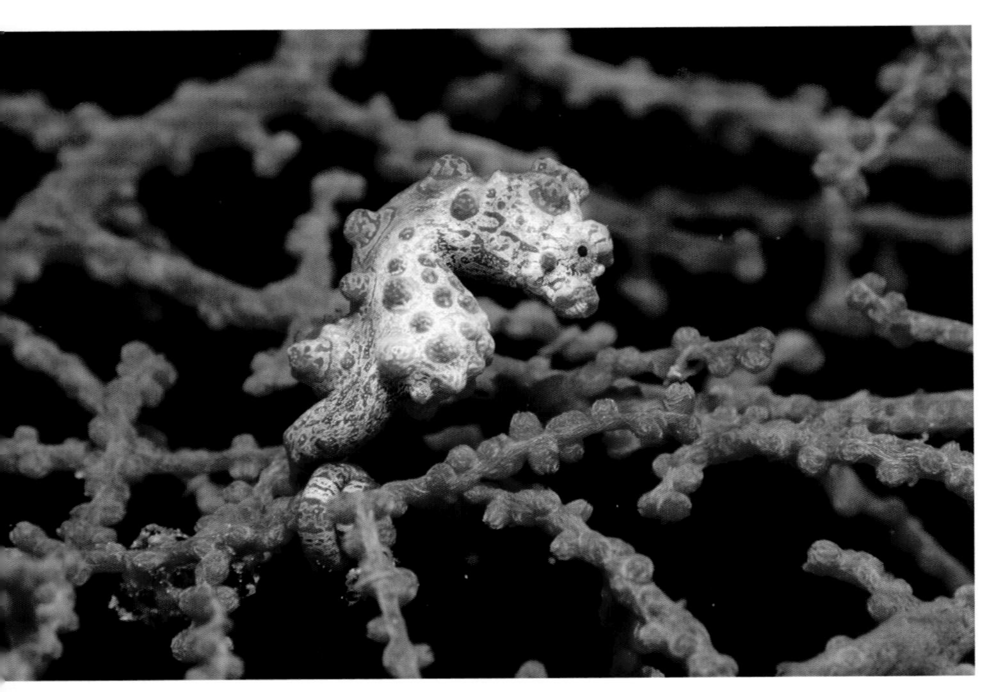

巴氏海马

Hippocampus bargibanti

通体长有很多很大的红色疣状突起，体表通常呈黄色或灰白色（图中巴氏海马的体色与周围的角珊瑚的颜色相当）。

体长 2 cm

生活习性 栖息于水深 10~40 m 处的柳珊瑚枝杈间。体色和体表结构，特别是体表的疣状突起会随其栖息的柳珊瑚的情况而变化。通常单独或聚成小群附着在寄主珊瑚上。因体形小而不易被发现。

分布 从印度尼西亚至日本南部、澳大利亚北部和新喀里多尼亚

橘色海马

Hippocampus denise

体表呈三文鱼色或橘色，没有疣状突起。

体长 2 cm

生活习性 栖息于水深 10~90 m 处的柳珊瑚，且往往长年都在柳珊瑚上繁殖。该物种于 2003 年首次被记载。

分布 从马来西亚、印度尼西亚至菲律宾、帕劳、巴布亚新几内亚、所罗门群岛和瓦努阿图

彭氏海马

Hippocampus pontohi

体表呈浅绿色或黄色（部分亚种几乎通体一色），头顶、背部、颈部和腹部常呈浅白色。背部有红色的小型瘤状附属物。

体长 1.7 cm

生活习性 栖息于水流或峭壁附近，栖息深度为 5~25 m。常在有水螅纲生物、海藻和小型海鞘的地方活动。通常成对出现。

分布 印度尼西亚东部

库达海马

Hippocampus kuda

体表呈棕色或棕黑色，有许多黑色和白色小斑点。头顶突出的冠略向后倾斜。

体长 20 cm

生活习性 栖息于沙地、海草床和红树林，栖息深度为 1~12 m，有时栖息得更深（最深达 55 m）。

分布 从马尔代夫、安达曼群岛、印度尼西亚至澳大利亚和所罗门群岛

黄带冠海龙

Corythoichthys flavofasciatus

体表呈乳白色或浅黄色，有深色斑纹。

体长 15 cm

生活习性 栖息于珊瑚礁附近的岩地、沙砾地和活珊瑚，栖息深度为 1~25 m。通常单独、成对或聚成小群活动。

分布 红海、毛里求斯以及马尔代夫

博氏斑节海龙

Dunckerocampus boylei

体表红色、红棕色和奶油色的条纹相间。尾鳍呈红色且带有白边，与带纹斑节海龙极其相似。

体长 16 cm

生活习性 栖息于外礁区，栖息深度为 15~35 m。常在礁石缝隙间、洞穴中和悬垂物下单独或成对活动。

分布 从红海、非洲东岸、毛里求斯至巴厘岛

带纹斑节海龙

Dunckerocampus dactyliophorus

体表红色、红棕色和奶油色的条纹相间。尾鳍呈红色且带有白边，尾鳍中间还有一块白斑。

体长 18 cm

生活习性 栖息于潟湖和外礁区，栖息深度为 3~30 m。常在礁石缝隙间、洞穴中和悬垂物下单独或成对活动。曾被误认为博氏斑节海龙。

分布 从印度尼西亚东部至日本西南部和法属波利尼西亚

多带斑节海龙

Dunckerocampus multiannulatus

通体呈红褐色，身上大约有 60 条白色窄环纹。

体长　16 cm

生活习性　栖息于潟湖和外礁区，栖息深度为 1~75 m。通常在诸如裂缝或悬垂物附近倒着漂游，多成对出现。雄鱼领地意识强。

分布　从红海、非洲东岸、毛里求斯至马尔代夫和苏门答腊岛

栓形斑节海龙

Dunckerocampus pessuliferus

体表红色和橙色环纹交替出现。红色尾鳍一侧边缘呈白色，中间有黄斑。

体长　16 cm

生活习性　栖息于水深 10~35 m 处的岸礁。多单独或成对出现在软底质区的小型珊瑚附近。图中的栓形斑节海龙腹部的红色区域是卵。

分布　从巴厘岛至澳大利亚、菲律宾和苏拉威西岛

短尾粗吻海龙

Trachyrhamphus bicoarctatus

本种出奇地大，体色多样：体表可呈白色、浅绿色、黄色和棕色。

体长　40 cm

生活习性　栖息于岸礁泥沙地与沙砾地遮蔽区，栖息深度为 3~25 m。大多将下半身置于地面上，昂起头和上半身。

分布　从红海、非洲东岸至日本南部、澳大利亚和新喀里多尼亚

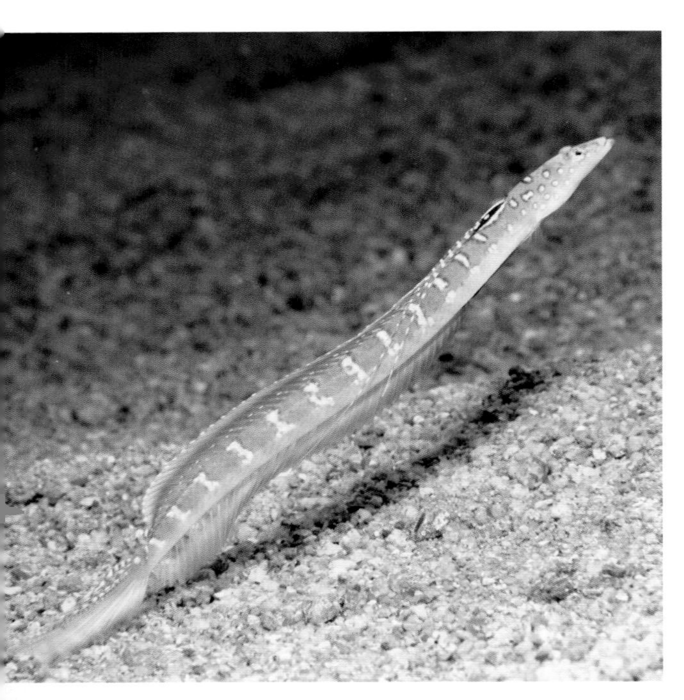

毛背鱼科
Trichonotidae

尼氏毛背鱼
Trichonotus nikii

雄鱼背鳍的前两根棘条呈长长的丝状。

体长　12 cm

生活习性　栖息于礁坡遮蔽区，如礁石裂缝中，栖息深度为 2~90 m。大多数在沙地上方 0.5~3 m 处成群盘旋，以捕食浮游动物。被惊扰后会以闪电般的速度钻入沙中躲藏起来，夜晚藏在沙中。雄鱼领地意识强（一条雄鱼的领地内有多条雌鱼），求偶时会张开胸鳍和腹鳍。

分布　红海

玻甲鱼科
Centriscidae

玻甲鱼
Centriscus scutatus

通体呈银色并有红棕色竖条纹。身体末缘的背鳍棘不能动，这一点与条纹虾鱼类似。

体长　14 cm

生活习性　栖息于珊瑚礁遮蔽区，栖息深度为 1~30 m。常聚成大群或小群出现在柳珊瑚和黑珊瑚前，也会聚成大群在海底上方自由穿梭。常以头朝下的姿势游动，在受到威胁时会改为横向游动。以管状吻吸食浮游生物。

分布　从阿尔达布拉环礁、塞舌尔至日本西南部、澳大利亚大堡礁和新喀里多尼亚

喉盘鱼科
Gobiesocidae

琉球盘孔喉盘鱼
Discotrema crinophilum

体表明亮的竖条纹自额部经眼直至尾部。体色可随所栖息的海百合的颜色改变。

体长 3 cm

生活习性 栖息于水深 8~20 m 处的海百合。会随着环境改变体色，生活得极其隐蔽，因此很难被发现。

分布 从圣诞岛至日本西南部、斐济和澳大利亚大堡礁

右图 我们从图中蓝色的琉球盘孔喉盘鱼就可以感受到，它们针对海百合所做的改变是多么令人惊艳！

线纹环盘鱼
Diademichthys lineatus

通体呈红色或深红棕色，从吻部至尾部有几条白色或浅黄色的竖条纹。尾鳍上有一块黄斑。

体长 6 cm

生活习性 栖息深度为 2~25 m。常躲藏在魔鬼海胆的棘刺间和枝状珊瑚的枝杈间，也会在礁石裂缝与洞穴中自由游动。

分布 从阿曼至日本西南部、澳大利亚北部和新喀里多尼亚

鲉科
Scorpaenidae

鲉科下分不同的亚科，如蓑鲉亚科、鲉亚科等。鲉科鱼的共性在于臀鳍、背鳍和胸鳍的硬棘基部均有毒腺。蓑鲉属鱼令人惊艳，它们缓慢地在礁石间穿游，并常常静静地待在一个地方一动不动。凭借精湛的捕食技巧和发达的胸鳍，它们可将小鱼赶至绝境。鲉属鱼都是典型的底栖鱼，作为游泳能力不佳的选手，它们多趴在某地一动不动，大多将自身伪装得很好以“守株待兔”。

玫瑰毒鲉

Synanceia verrucosa

身体呈块状，口裂为垂直向，胸鳍大而丰满。

体长 38 cm

生活习性 栖息于潟湖和外礁区，栖息深度为 0.3~45 m。常将身体局部埋在沙砾地上的珊瑚石间，会在同一个地方待数月之久，有时两三条聚集成群。以小鱼和甲壳动物为食。

分布 从红海、非洲东岸至日本南部、密克罗尼西亚和法属波利尼西亚

右图 这条玫瑰毒鲉将身体局部埋在沙中，从不远处看像一块布满红耳壳藻的珊瑚石，当然它周围确实有这样的珊瑚石。玫瑰毒鲉口裂垂直，潜水员仔细观察的话可以通过这一点认出它们。

毒鲉

Synanceia horrida

眼突出且上方有骨质结块，两眼下方各有一个深坑。

体长 30 cm

生活习性 栖息于河口和岸礁的泥沙地和碎石地，栖息深度为 1~40 m。常将身体的大部分埋在泥沙地中。生活方式与玫瑰毒鲉的相似，但更多出现在混浊水域。

分布 从印度至日本西南部、菲律宾、澳大利亚昆士兰南部和新喀里多尼亚

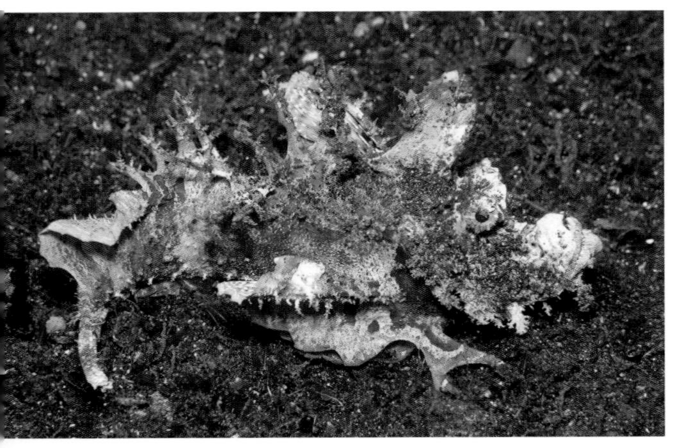

双指鬼鲉

Inimicus didactylus

胸鳍内侧的颜色会在白色、黄色、橙色或粉色之间转变。

体长　19 cm

生活习性　栖息于礁石遮蔽区，栖息深度为 1~80 m。常出现在泥沙地和海草床上，将身体除眼睛和嘴巴以外的部位埋在地下，静候游经的猎物。

分布　从安达曼海至日本南部、帕劳、澳大利亚西北部、瓦努阿图和新喀里多尼亚

左图　受到威胁的双指鬼鲉会张开胸鳍展示其内侧明显的警戒色。

丝鳍鬼鲉

Inimicus filamentosus

第一胸鳍棘和第二胸鳍棘能像细丝一样伸长，胸鳍内侧呈明亮的橙色和黑色。

体长　25 cm

生活习性　栖息于潟湖、海湾和外礁遮蔽区，栖息深度为 3~55 m。常出现在泥沙地和砾石地上，将身体局部埋在沙中。不太常见。

分布　从红海至毛里求斯和马尔代夫（西印度洋中唯一的鬼鲉）

魔鬼蓑鲉

Pterois volitans

体表有成对的白条纹。

体长　43 cm

生活习性　栖息于潟湖、岸礁区和外礁区，栖息深度为 1~50 m。常见种。白天常在悬垂物下悠游，偶尔到别的地方去觅食；主要在夜晚捕食小鱼、虾和蟹。胆子比较大，甚至会靠近潜水员。

分布　从泰国湾至澳大利亚西部、日本西南部、密克罗尼西亚、马克萨斯群岛和皮特凯恩群岛

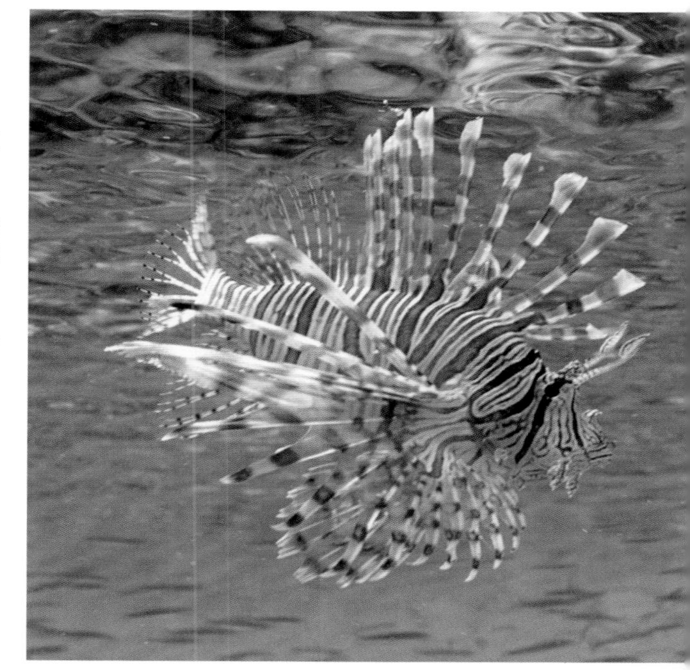

斑鳍蓑鲉

Pterois miles

体表呈红色，近黑色，有成对的白条纹。

体长　38 cm

生活习性　栖息于潟湖、海湾和外礁区，栖息深度为 1~60 m。通常在悬垂物下、洞穴中和沉船残骸附近活动。在黄昏和夜晚捕食鱼和甲壳动物（比如虾）。不能受惊吓，否则可能刺伤潜水员。

分布　从红海、非洲东岸至安达曼海、苏门答腊岛、龙目岛和松巴哇岛（分布区域的东部多为魔鬼蓑鲉，有时会经由苏伊士运河迁徙至地中海）

黑颊蓑鲉

Pterois mombasae

胸鳍膜上有深色斑纹。与之相似的触角蓑鲉胸鳍棘更长，体表的斑纹更少。

体长　19 cm

生活习性　栖息于外礁区，栖息深度为 10~60 m。通常在硬底质区或软珊瑚和海绵附近活动。

分布　从非洲东岸（偶尔见于红海）至斯里兰卡、澳大利亚西北部和巴布亚新几内亚

触角蓑鲉

Pterois antennata

胸鳍棘很长，基部与有少量深色斑点的鳍膜相连。

体长　20 cm

生活习性　栖息于潟湖和外礁区，栖息深度为 1~50 m。白天通常在悬垂物下和洞穴中休息。偏爱单独或聚成小群活动。在傍晚和夜晚捕食虾、蟹。比较常见。

分布　从非洲东岸至日本西南部、密克罗尼西亚、澳大利亚南部和法属波利尼西亚

辐纹蓑鲉

Pterois radiata

胸鳍棘很长，向外自然伸展，且呈白色。尾柄上有白色竖条纹。

体长　24 cm

生活习性　栖息于潟湖和外礁区，栖息深度为 1~25 m。通常单独或聚成小群活动。白天常躲藏在悬垂物下和洞穴中，有时与触角蓑鲉同居一穴。夜晚捕食虾、蟹。

分布　从红海、非洲东岸至日本西南部、密克罗尼西亚、新喀里多尼亚和社会群岛

花斑短鳍蓑鲉

Dendrochirus zebra

胸鳍呈扇形，且内侧有辐射状深色条纹。

体长　20 cm

生活习性　栖息于内礁区，栖息深度为 1~70 m。多在珊瑚头或者覆有植被的礁石附近活动。在下午的后半段（日落前 3 小时内）和夜晚捕食虾、蟹和小鱼，之后就在沙地上休息。雄鱼有很强的领地意识，每条雄鱼有多个配偶。

分布　从红海中部、非洲东岸至日本西南部、马绍尔群岛、密克罗尼西亚、澳大利亚东南部和萨摩亚群岛

短鳍蓑鲉

Dendrochirus brachypterus

胸鳍呈扇形，且内侧有不超过 10 条深色横条纹。

体长　15 cm

生活习性　栖息于岸礁区和潟湖，栖息深度为 2~80 m。雄鱼单独或与多条雌鱼一起生活，多在珊瑚头或者覆有植被的礁石附近活动。夜晚捕食小型甲壳动物。

分布　从红海中部、非洲东岸至日本西南部、马里亚纳群岛、澳大利亚和萨摩亚群岛

双眼斑短鳍蓑鲉

Dendrochirus biocellatus

背鳍后部有 2 块（间或 3 块）突出的眼斑，胸鳍内侧有 3 条深色横条纹。

体长　10 cm

生活习性　栖息于珊瑚茂盛、水质清澈的海域，栖息深度为 1~40 m。生性胆小，白天常躲在洞穴中或悬垂物下，大多只有在夜晚捕食时可见。

分布　从毛里求斯至澳大利亚西北部、日本西南部、密克罗尼西亚和社会群岛

三棘带鲉

Taenianotus triacanthus

身体侧扁且背部高耸。体色多变，有奶油色、黄色、浅绿色、棕色、白色、红色和粉色。

体长 12 cm

生活习性 栖息于珊瑚礁、岩礁或沙砾地遮蔽区，栖息深度为 1~134 m。可通过侧身摇摆来模仿随波漂流的叶子，并会定期蜕掉外皮。

分布 从非洲东岸至日本西南部、加拉帕戈斯群岛、夏威夷群岛、澳大利亚和斐济

右图 三棘带鲉的体色通常与周边环境相适应，只有在少数情况下它们才像图中这样颜色突出。

埃氏吻鲉

Rhinopias eschmeyeri

眼部上方有桨叶状大触须，背鳍未嵌入骨架。体表有少量且往往不分离的皮瓣。体色多变，通常为浅红色、橙色和浅棕色。

体长 21 cm

生活习性 栖息于外礁沙砾地，栖息深度为 3~55 m。

分布 从毛里求斯至菲律宾和印度尼西亚东部

左图 即使在小范围海域，潜水员也能见到不同体色的埃氏吻鲉，它们常潜伏在一处按兵不动，静候游来的猎物。

前鳍吻鲉

Rhinopias frondosa

皮瓣呈分枝状，背鳍通过鳍棘嵌入体内。体色多变，通常为黄色、橙棕色和紫色，部分个体体表有圆斑。

体长 23 cm

生活习性 栖息于外礁岩石地、珊瑚头和沙地，栖息深度为 2~90 m。可借助于胸鳍和腹鳍在海底爬行，每 13 天换一次皮肤。

分布 从非洲东岸至日本南部、加罗林群岛和新喀里多尼亚

安汶狭蓑鲉

Pteroidichthys amboinensis

眼球突起，每只眼睛上方都有一根粗壮的触须，体色大多为浅黄色和深棕色，也有红色和粉色的个体。

体长 12 cm

生活习性 栖息于泥沙地或海藻丛，栖息深度为 3~50 m。可借助于胸鳍和腹鳍在海底爬行。

分布 从印度尼西亚西部至日本西南部、澳大利亚北部和斐济

右图 除了体色以外，安汶狭蓑鲉不同个体的皮瓣的数量和长度也千差万别。

毒拟鲉

Scorpaenopsis diabolus

背部高高耸起，胸鳍内侧有橙色和黄色条纹。

体长 30 cm

生活习性 栖息于潟湖、外礁沙砾地和礁石地，栖息深度为 1~70 m。以小鱼为食，受到干扰时会露出胸鳍内侧的警戒色，潜水员时常将其与毒鲉混淆，但后者口裂垂直。

分布 从红海、非洲东岸至日本西南部、密克罗尼西亚、夏威夷群岛和法属波利尼西亚

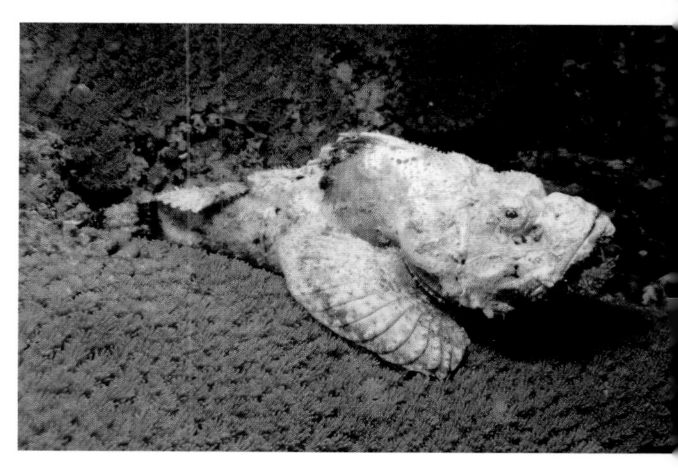

尖头拟鲉

Scorpaenopsis oxycephala

头部和颌下有许多皮瓣，吻较长。

体长　36 cm

生活习性　栖息于潟湖、海湾和外礁区，栖息深度为 1~43 m。常在长有活珊瑚的硬底质区、沙砾地和海绵附近活动，大多出现在珊瑚茂盛、水质清澈的海域。常见种。

分布　从红海、非洲东岸至中国台湾、帕劳和印度尼西亚

波氏拟鲉

Scorpaenopsis possi

头部有许多皮瓣，外形与尖头拟鲉和红拟鲉相似，但吻较短。

体长　25 cm

生活习性　栖息于外礁礁石地，栖息深度为 1~40 m。主要以鱼为食。

分布　从红海、非洲东岸至日本西南部和皮特凯恩群岛

髯拟鲉

Scorpaenopsis barbata

吻短，眼间距小。

体长　25 cm

生活习性　栖息于岩礁区和珊瑚礁区，栖息深度为 3~42 m。常出现在沙地、珊瑚混合区。主要以鱼、蟹为食。

分布　从红海至波斯湾和索马里

斑翅虎鲉

Minous pictus

颊部和胸鳍基部呈红色。

体长 10 cm

生活习性 栖息于沿海水域细沙地或泥地，栖息深度为 5~160 m。可通过自由摆动的胸鳍棘逃生。主要在夜晚捕食，白天常将身体埋在沙地里。

分布 印度尼西亚和菲律宾

背带帆鳍鲉

Ablabys taenianotus

背鳍呈帆状，一直从眼部延伸至尾部。体色可在黄色和深棕色之间变化，头部的颜色有时与躯干的颜色形成鲜明对比。

体长 15 cm

生活习性 栖息于泥沙地或沙砾地遮蔽区，栖息深度为 1~80 m。通常单独或成对活动。会摇摆身体一侧以模仿枯叶。

分布 从安达曼海至日本西南部、帕劳、澳大利亚和斐济

右图 棕色的背带帆鳍鲉通常不会像这条这样待在与自身颜色对比如此鲜明的地方，而是在深色沙地或碎石地上，以将自身很好地伪装成枯叶。

胎鳚科

Clinidae

理查德森胎鳚

Richardsonichthys leucogaster

背鳍棘深深嵌在身体里。

体长 8 cm

生活习性 栖息于岸礁泥沙地，栖息深度为 3~90 m。偶尔将身体局部埋在泥沙中。

分布 从非洲东岸至中国和新喀里多尼亚

鲬科
Platycephalidae

博氏孔鲬
Cymbacephalus beauforti

具有多种“拟态色”，大多颊部有深色条纹（并非其固有特征）。已知有黑色种。

体长　50 cm

生活习性　栖息于沙砾地与岩石地，栖息深度为 2~12 m。

分布　从新加坡、加里曼丹岛至菲律宾、帕劳、雅浦岛和新喀里多尼亚

长头乳突鲬
Papilloculiceps longiceps

大多数体表呈浅白色并有形状各异的浅灰绿色“拟态斑”。

体长　100 cm

生活习性　栖息于海湾和岩礁区，栖息深度为 1~40 m。大多出现在沙砾地上，也常常将身体埋在沙中。

分布　从红海至阿曼

韦氏倒棘鲬
Rogadius welanderi

大多头后侧有一块白斑，深色胸鳍上有亮斑。

体长　12 cm

生活习性　栖息于近礁沙砾地，栖息深度为 3~50 m。白天常将身体埋在沙中。

分布　从印度尼西亚至马绍尔群岛和萨摩亚群岛

后颌䲢科
Opistognathidae

兰德氏后颌䲢
Opistognathus randalli

眼虹膜上部呈金黄色，背鳍前部有黑斑。

体长 12 cm

生活习性 栖息于近礁沙砾地，栖息深度为 5~30 m。大多数时候待在自己用沙搭建的管穴中（管穴入口处用砾石加固）。以浮游动物和底栖无脊椎动物为食。时而从管穴深处游到入口处，有时甚至先短暂离开管穴，后又迅速钻入。

分布 从加里曼丹岛、巴厘岛至菲律宾和印度尼西亚东部

后颌䲢科的所有物种都在口中孵卵。雄鱼会将受精卵含在口中，数百颗受精卵将得到很好的保护，并被氧气充足的新鲜海水滋养。孵化时间约为 5 天。

苏禄后颌䲢
Opistognathus solorensis

唇部有深浅不一的条纹。

体长 5 cm

生活习性 较少见的物种，与后颌䲢科的其他物种一样，通常待在自己在近礁沙砾地上挖掘的管穴中。

分布 西太平洋（含印度尼西亚）

豹鲂鮄科
Dactylopteridae

东方豹鲂鮄
Dactyloptena orientalis

整个身体可伸展开来，胸鳍很大且呈扇形。

体长 38 cm

生活习性 栖息于近礁沙地遮蔽区，栖息深度为 1~100 m。通常单独活动。可借助于向内收起的腹鳍在海底爬行，在受到威胁时会展开巨大的扇形胸鳍，也可通过向前扇动展开的扇形胸鳍来短距离快速前移。主要捕食底栖无脊椎动物。

分布 从红海、非洲东岸至日本南部、马里亚纳群岛、波纳佩岛、夏威夷群岛、新西兰北部和法属波利尼西亚

螣科
Uranoscopidae

白缘螣
Uranoscopus sulphureus

身体似棒，头极大，背鳍上有一块大黑斑。

体长 38 cm

生活习性 栖息于沿海海域泥沙地，栖息深度为 5~150 m。爱将身体的大部分埋在沙里。吻部牙齿一样的东西其实是唇上的皮瓣，这些皮瓣的作用是过滤沙子。下颌处的蠕虫状皮质物（可静置不动，也可伸出）是用来吸引猎物的，猎物一旦上当就会被它们张大嘴迅速吞下。

分布 从红海、留尼汪岛至马里亚纳群岛、萨摩亚群岛和汤加

弱棘鱼科

Malacanthidae

这些修长的鱼大多成对或集群在海底沙砾地上活动，常在各自的领地上捕食底栖无脊椎动物或游经的浮游动物。

短吻弱棘鱼

Malacanthus brevirostris

颈部呈浅黄绿色，尾鳍上有两条黑色条纹。

体长　30 cm

生活习性　栖息于外礁沙砾地，栖息深度为 5~61 m。成鱼通常单独或聚成小群活动。在一些海域很常见，其实生性胆小，在感到不安时会躲进石块之间的缝隙中。主要以无脊椎动物为食。

分布　从红海、非洲东岸至日本西南部、澳大利亚东南部、夏威夷群岛和巴拿马

侧条弱棘鱼

Malacanthus latovittatus

头部呈蓝色，体侧有黑色条纹。

体长　50 cm

生活习性　栖息于潟湖和外礁，栖息深度为 5~70 m。大多在海底活动。生性胆小，会远离潜水员。成鱼多成对活动。

分布　从红海、非洲东岸至日本西南部、密克罗尼西亚以及库克群岛

斯氏似弱棘鱼

Hoplolatilus starcki

头部呈蓝色，腹部呈浅白色，背部则呈浅黄色。

体长　15 cm

生活习性　栖息于外礁碎石地和沙砾地，栖息深度为 15~100 m。多成对在海底游动，一旦遇到危险就快速钻入地洞中。

分布　从巴厘岛至菲律宾、密克罗尼西亚、澳大利亚北部和斐济

䲟科
Echeneidae

䲟科鱼的共同特点是第一背鳍特化为形状独特的吸盘，吸盘表面的纹路让人不禁联想到鞋底。䲟科鱼吸盘可以产生负压，使其吸附在大型生物身上。它们经常附着在鲨（尤其是鲸鲨）、前口蝠鲼、蝠鲼、海龟、儒艮等生物身上。䲟科鱼以小鱼、寄主体表的寄生虫为食，有时也分食寄主的猎物。它们通常生活在开放海域水深 1~60 m 的地方，也常跟随寄主到珊瑚礁附近活动。

䲟

Echeneis naucrates

体侧有黑色条纹，黑色条纹上下缘各有一条白色条纹。

体长　100 cm

生活习性　见“䲟科”相关介绍。

分布　所有温暖的海域

左图中体色与年龄相吻合的成年䲟附着在一只绿龟的硬壳上。

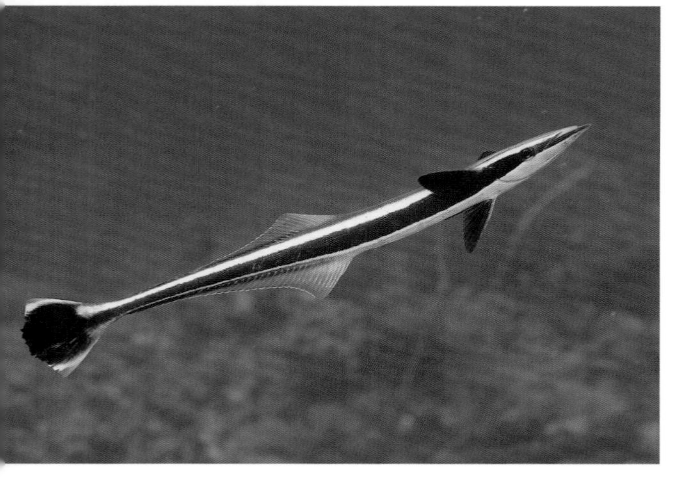

短䲟

Remora remora

体表呈深灰色（近于黑色），大多有细长的白色条纹，身体比䲟略高。

体长　50 cm

生活习性　见“䲟科”相关介绍。

分布　所有温暖的海域

幼鱼和亚成体体表黑白相间，偶尔自由地漂游在礁石上方，以寻找可附着的寄主。有时会试图附着在潜水员身上。

军曹鱼科
Rachycentridae

军曹鱼
Rachycentron canadum

亚成体体表有黑色竖条纹（类似于短䲟），成鱼通体呈棕灰色。
体长 200 cm
生活习性 海栖动物，很少出现在水深 0~50 m 的珊瑚礁附近。偶尔与鲸鲨相伴（右图），也会追随其他鲨和大型鳐。成鱼体形较大，常被误认为鲨。本种是军曹鱼科唯一的物种。
分布 环热带海域

鮗科
Plesiopidae

珍珠丽鮗
Calloplesiops altivelis

体表的白色斑点会随着年龄的增长而变多，背鳍下方有眼斑。
体长 20 cm
生活习性 栖息于潟湖和外礁区，栖息深度为 3~45 m。白天常藏在礁石缝隙和洞穴中，感到不安时会藏得更隐蔽。
分布 从红海、非洲东岸至日本西南部、莱恩群岛和法属波利尼西亚

拟雀鲷科
Pseudochromidae

闪光宽鮗
Manonichthys splendens

体长 13 cm
生活习性 栖息于陡峭的外礁区，栖息深度为 5~40 m，总是紧贴着栖息地底部游动。通常单独在生态龛附近活动，也常出现在管状海绵周围，以便藏身于其中。
分布 印度尼西亚东部和澳大利亚西北部

紫绣雀鲷

Pictichromis porphyrea

通体呈绛紫色，易辨认。

体长　6 cm

生活习性　栖息于外礁区悬垂物下和礁道，栖息深度为 5~50 m。通常单独或聚成松散的小群在洞穴、珊瑚礁或沙砾地附近游动，游动时通常紧贴着海底。

分布　从菲律宾至日本西南部、帕劳、马鲁古群岛、马绍尔群岛和萨摩亚群岛

黄顶拟雀鲷

Pseudochromis flavivertex

雄鱼体表呈蓝色，背部的黄色宽条纹一直延伸至下颌处。雌鱼通体呈淡黄色。

体长　7 cm

生活习性　栖息于圆丘礁和堡礁沙砾地，栖息深度为 2~30 m。在小范围的领地内有固定的栖所。雌鱼藏得更加隐蔽，比雄鱼更加胆小，因此潜水员很少看到。

分布　红海和亚丁湾

鮨科
Serranidae

鮨科鱼大多单独活动，其中一些体形较大的会进行季节性迁徙，并在产卵地集群。这些强壮的底栖鱼大多栖息在珊瑚礁和岩礁底部，因为这些地方能为它们提供庇护。鮨科鱼具有领地意识，白天大多躲藏在领地内的洞穴中或悬垂物下，也有一些白天自由自在地在珊瑚礁附近游动。鮨科鱼是珊瑚礁生态系统中最常见、最重要的捕食者，主要捕食甲壳动物、鱼和二鳃亚纲动物。它们能以惊人的速度快速进攻，甚至让速度更快的鱼措手不及。一些体形较大的鮨科鱼可能已经存活了几十年。

侧牙鲈

Variola louti

尾鳍似镰刀，边缘呈黄色。上图为成鱼，下图为幼鱼。

体长 80 cm

生活习性 栖息于潟湖、礁道和外礁区，栖息深度为 1~150 m。白天在礁石间穿梭，以接近潜在的猎物，主要捕食鱼和蟹。生性胆小。幼鱼偶尔模仿觅食时常伴其左右的羊鱼科鱼。

分布 从红海、非洲东岸至日本西南部和法属波利尼西亚

白线光腭鲈

Anyperodon leucogrammicus

体形纤细，体表呈浅绿色，大多散布着一些红色斑点和灰白色竖条纹。

体长 52 cm

生活习性 栖息于珊瑚丰富的潟湖和外礁区，栖息深度为 2~50 m。通常藏在暗处伺机捕食。幼鱼会模仿体表有竖条纹的海猪鱼以接近猎物。

分布 从红海、非洲东岸至日本西南部、密克罗尼西亚、萨摩亚群岛和澳大利亚大堡礁

斑点九棘鲈

Cephalopholis argus

体表呈橄榄棕色或浅绿色，有许多蓝色斑点。后半身通常或多或少地有几条亮色横条纹。

体长 55 cm

生活习性 栖息于水质清澈、珊瑚丰富的潟湖和外礁区，栖息深度为 1~40 m。常在硬底质区的隐蔽处活动。成鱼通常成对或聚成小群活动。可以快速将体色变亮或变暗。

分布 从红海、非洲东岸至日本南部和法属波利尼西亚

豹纹九棘鲈

Cephalopholis leopardus

体表呈红棕色并有奶油色斑点。尾柄上侧有边缘颜色较亮的深棕色斑点。

体长 22 cm

生活习性 栖息于珊瑚生长良好的潟湖、岸礁区和外礁区，栖息深度为 3~35 m。经常藏在较隐蔽的地方（比如悬垂物下方），大多生性胆小。

分布 从非洲东岸至日本西南部、密克罗尼西亚、澳大利亚大堡礁和法属波利尼西亚

蓝点九棘鲈

Cephalopholis cyanostigma

体表底色为红褐色，上面有许多边缘颜色较深的淡蓝色斑点，部分个体体表有淡淡的大理石花纹。

体长 35 cm

生活习性 栖息于潟湖和外礁区，栖息深度为 1~50 m。在海藻丛和珊瑚生长良好的区域均可见，以鱼和甲壳动物为食。

分布 从安达曼群岛、马来西亚至菲律宾、帕劳、所罗门群岛和澳大利亚大堡礁

蓝线九棘鲈

Cephalopholis formosa

体表呈橄榄棕色，有不少蓝色竖条纹。鳍通常呈深蓝色。本种与波伦氏九棘鲈相似，但后者体表多呈黄绿色，鳍也不呈深蓝色。

体长 34 cm

生活习性 栖息于浅水域有遮蔽区、长有适量或少量珊瑚、局部沙化的礁石附近。

分布 从马尔代夫、印度、安达曼海至日本西南部、菲律宾和澳大利亚北部

半点九棘鲈

Cephalopholis hemistiktos

体表呈浅棕红色或红色，头部散布着一些蓝色小斑点。

体长 35 cm

生活习性 栖息于珊瑚丰富的海湾和外礁区，栖息深度为 5~50 m。通常待在礁顶的洞穴和缝隙中，以鱼和甲壳动物为食。

分布 从红海至波斯湾、巴基斯坦和索马里

六斑九棘鲈

Cephalopholis sexmaculata

体表有 6~7 条横条纹，横条纹于背鳍基部有马鞍状斑。

体长　50 cm

生活习性　栖息于外礁坡上的洞穴，栖息深度为 5~150 m。生性胆小，几乎总躲在洞穴中，很少游出去。始终将腹部对着海底，也会紧贴着洞壁。

分布　从红海、非洲东岸至日本西南部和法属波利尼西亚

青星九棘鲈

Cephalopholis miniata

体表散布着边缘颜色较深的蓝色斑点，有些体表有灰白色条纹。

体长　40 cm

生活习性　栖息于潟湖和外礁区，栖息深度为 3~150 m。偏爱在水质清澈、珊瑚丰富的水域活动。面对潜水员时一般不羞怯，允许潜水员适当靠近。

分布　从红海、非洲东岸至日本西南部、莱恩群岛、澳大利亚和法属波利尼西亚

左图　幼鱼体表呈黄色或橙色，有一些颜色鲜明的斑点。图中的幼鱼体长约 10 cm。

索氏九棘鲈

Cephalopholis sonnerati

体表呈橙红色或红棕色，头部有许多红色小斑点。有些个体体表偶尔有白色点状或斑状图案。

体长　57 cm

生活习性　栖息于岩礁区、珊瑚礁区、潟湖和外礁区，栖息深度为 10~60 m。通常出现在水深超过 20 m 的区域，常在有清洁虾的珊瑚附近游动。

分布　从亚丁湾、非洲东岸至日本西南部、莱恩群岛和新喀里多尼亚

尾纹九棘鲈

Cephalopholis urodeta

体表的红色从前往后越来越深。有些个体尾鳍上有两条斜向的白色条纹（仅出现在西太平洋），有些个体胸鳍上方有红褐色斑点（仅出现在印度洋）。

体长　28 cm

生活习性　栖息于水质清澈的潟湖和外礁区，栖息深度为 3~50 m，偏爱在水深 15 m 左右的区域活动。以鱼和甲壳动物为食

分布　从非洲东岸至日本西南部、密克罗尼西亚和法属波利尼西亚

黑缘尾九棘鲈

Cephalopholis spiloparaea

通体呈红色，仅尾鳍末端有灰白色条纹。

体长　22 cm

生活习性　大多栖息于水质清澈、珊瑚丰富的海域的外礁坡，栖息深度通常为 20~100 m。

分布　从非洲东岸至日本西南部、密克罗尼西亚和波利尼西亚

驼背鲈

Cromileptes altivelis

头较小，前额内凹，全身遍布黑色斑点。

体长　70 cm

生活习性　栖息于潟湖和外礁区，栖息深度为 2~30 m。偏爱单独在沙化或植被枯萎的地方活动。又名澳洲肺鱼。

分布　从安达曼海和印度尼西亚至日本西南部、关岛和新喀里多尼亚

横条石斑鱼

Epinephelus fasciatus

头部有一个深色贝雷帽般的图案，背鳍棘尖端通常呈黑色。

体长　40 cm

生活习性　栖息于海湾、潟湖和外礁区，栖息深度为 1~160 m。通常在珊瑚礁、沙砾地和海草床上的小型珊瑚的顶部游动。面对潜水员时一般不羞怯，不过也视情况而定。

分布　从红海至日本西南部、马克萨斯群岛和皮特凯恩群岛

左图　横条石斑鱼体色多变（体色多变是鮨科鱼所特有的特征），可在白色、淡奶油色、亮红色、红棕色和橄榄棕色之间变化。一般体表有或深或浅的橙棕色斑纹。

蓝点石斑鱼

Epinephelus coeruleopunctatus

尾鳍和臀鳍呈黑色，尾鳍后缘呈凸圆形。

体长　60 cm

生活习性　栖息于潟湖和外礁区，栖息深度为 4~65 m。大多在栖所附近活动。

分布　从非洲东岸、波斯湾至日本西南部、马绍尔群岛、基里巴斯、汤加和澳大利亚东部

棕点石斑鱼

Epinephelus fuscoguttatus

额部稍微内凹，尾柄上有小块黑色鞍状斑。

体长　90 cm

生活习性　栖息于潟湖和外礁区，栖息深度为 3~60 m。生性胆小，难以接近，在大多数区域不常见。以鱼、二鳃亚纲动物和甲壳动物为食。

分布　从红海、非洲东岸、毛里求斯至日本西南部、萨摩亚群岛和新喀里多尼亚

花点石斑鱼

Epinephelus maculatus

通体呈浅棕色，鳍上有深色斑点，背部有两块白斑。

体长　60 cm

生活习性　栖息于海湾、潟湖和外礁区，栖息深度为 3~100 m。幼鱼常出现在石缝间、碎石地和浅水域的泥沙地附近。成鱼常出现在开阔的沙地上，捕食鱼、甲壳动物和章鱼。

分布　从科科斯群岛至日本西南部、密克罗尼西亚和萨摩亚群岛

清水石斑鱼

Epinephelus polyphekadion

尾柄上有黑色鞍状斑，体表有一些形状不规则的亮斑和众多小斑点，但头部上侧通常没有小斑点。

体长　75 cm

生活习性　栖息于珊瑚丰富的潟湖和外礁区，栖息深度为 1~45 m。常在洞穴等庇护所附近活动，胆子比较大，主要以小鱼和甲壳动物为食。

分布　从红海、非洲东岸、毛里求斯至日本西南部和法属波利尼西亚

纹波石斑鱼

Epinephelus ongus

通体呈棕色，体表有少量大亮斑和众多成行排列的小亮斑。

体长 35 cm

生活习性 栖息于受保护的浅水岸礁区与潟湖，栖息深度为 5~25 m。生性胆小，多在洞穴或缝隙附近活动。

分布 从非洲东岸至日本西南部、马绍尔群岛、澳大利亚大堡礁和汤加

左图 幼鱼（图中的幼鱼体长约 10 cm）通体呈深棕色，身上有许多白色或浅黄色小斑点。

巨石斑鱼

Epinephelus tauvina

通体（包括鳍）散布着锈棕色斑点，体表常有变化不一的横条纹。

体长 70 cm

生活习性 栖息于水质清澈、珊瑚丰富的潟湖和外礁区，栖息深度为 1~40 m。大多在海底活动，胆子比较大，主要以鱼为食。

分布 从红海、非洲东岸至日本西南部、密克罗尼西亚和法属波利尼西亚

蓝身大石斑鱼

Epinephelus tukula

体表呈浅灰色，有灰黑色大斑点。

体长 200 cm

生活习性 栖息于潟湖、台礁区和外礁区，栖息深度为 3~150 m。偏爱在水质清澈、珊瑚丰富的水域活动。大多单独活动，仅在一些水域聚成松散的群活动。面对潜水员时不羞怯。以鱼、甲壳动物和二鳃亚纲动物为食。

分布 从红海（罕见）、非洲东岸至日本南部和澳大利亚大堡礁（这些海域的个体体表均有斑）

黑鞍鳃棘鲈

Plectropomus laevis

有两种体色类型，其中通体为灰色的个体体表（包括头部）有 3~5 块橄榄色或深灰色的鞍状斑。

体长 125 cm

生活习性 栖息于珊瑚丰富的潟湖和外礁区，栖息深度为 5~90 m。偏爱在礁道活动。生性胆小，主要捕食鱼，包括石斑鱼、鹦嘴鱼等体形较大的鱼。

分布 从非洲东岸至日本西南部、马绍尔群岛和法属波利尼西亚

右图 这种体色的个体体表的黑色鞍状斑与白色底色形成鲜明对比，吻部、鳍和尾部或多或少呈黄色。

蠕线鳃棘鲈

Plectropomus pessuliferus

体表底色可从浅米色变成红棕色，体表有红色或红棕色横条纹和众多蓝色长圆形斑点。在捕食时起关键作用的牙齿突出。

体长 110 cm

生活习性 栖息于潟湖和外礁区，栖息深度为 3~50 m。白天经常沿着礁石慢慢巡游。主要以鱼为食。

分布 红海（只有亚种马氏蠕线鳃棘鲈）和印度洋（只有蠕线鳃棘鲈）

红嘴烟鲈

Aethaloperca rogaa

体表呈棕色或黑色，口内呈红色。

体长 60 cm

生活习性 栖息于珊瑚丰富的海湾和外礁遮蔽区，栖息深度为 3~50 m。大多数时候待在栖所，如洞穴中或沉船残骸附近。生性胆小，以鱼和甲壳动物为食。

分布 从红海、非洲东岸至日本西南部、斐济和澳大利亚大堡礁

白边侧牙鲈

Variola albimarginata

尾鳍似镰刀，边缘有一条白色窄条纹。

体长 55 cm

生活习性 栖息于潟湖、岸礁区和外礁区，栖息深度为 5~90 m。罕见。白天在礁石周围小范围的区域内游动。

分布 从非洲东岸至日本西南部、马里亚纳群岛、澳大利亚大堡礁和萨摩亚群岛

左图 幼鱼体表呈浅红色，腹部颜色较亮。尾鳍还没有变成镰刀状，且后半部分是透明的。

白边纤齿鲈

Gracila albomarginata

体表的白色矩形斑块是它们最显著的特征，尾柄上有黑色斑点，头部有一些条纹。

体长 45 cm

生活习性 栖息于外礁陡坡和礁道，栖息深度为 5~120 m。通常单独活动，偶尔在礁石上方集群，多在礁石上方漂游或盘旋。

分布 从非洲东岸至日本西南部、密克罗尼西亚和法属波利尼西亚

左图 可快速改变体色的深浅度，体表的白色矩形斑块也可以消失。

线纹鱼亚科
Grammistinae

六带线纹鱼
Grammistes sexlineatus

体表有白色条纹，这些条纹会随着年龄的增长变短。
体长 27 cm
生活习性 栖息于潟湖、海湾、外礁区和汽水域，栖息深度为 1~40 m。幼鱼多藏身于栖所附近。
分布 从红海、非洲东岸至日本西南部、密克罗尼西亚、澳大利亚大堡礁和法属波利尼西亚

查氏鱵鲈
Belonoperca chabanaudi

尾部上方有一块黄斑，背鳍上有一块蓝缘大黑斑。
体长 15 cm
生活习性 栖息于外礁坡，栖息深度为 3~45 m。白天常藏在洞穴中和悬垂物下，生性胆小，被接近时会藏到更深处，只有在夜幕降临后才会自由游动。
分布 从非洲东岸至日本西南部、密克罗尼西亚、萨摩亚群岛和新喀里多尼亚

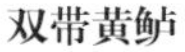

双带黄鲈
Diploprion bifasciatum

前半身有一条横穿眼睛的窄条纹，后半身有一条更宽的条纹。
体长 25 cm
生活习性 栖息于岸礁区，栖息深度为 1~40 m，偶尔也出现在有少量泥质沉积物的混浊水域。通常单独或聚成松散的小群活动，主要以鱼为食。
分布 从印度、马尔代夫至日本西南部、澳大利亚和新喀里多尼亚

德氏黄鲈
Diploprion drachi

通体呈蓝灰色，背鳍基部呈黑色，眼周围有黄斑。
体长 14 cm
生活习性 栖息于珊瑚丰富的礁坡，栖息深度为 3~40 m。白天常藏在洞穴和缝隙中，以及悬垂物下，日落后会沿着礁坡捕食小鱼和甲壳动物。
分布 红海

花鮨亚科
Anthiinae

这些白天活跃、身手敏捷的鱼以游经的浮游动物为食。它们总是在礁石前或珊瑚附近活动，以便在受到威胁时能迅速藏身，夜晚躲藏在礁石缝隙或珊瑚礁中。花鮨亚科鱼常集群活动，一个群体内通常有一些雌鱼、众多幼鱼和少量雄鱼——每条雄鱼通常与 30 多条雌鱼交配。雄鱼体形较大，由群体内地位高的雌鱼变性而来，这一性别变化过程也伴随着体色的变化。

丝鳍拟花鮨
Pseudanthias squamipinnis

雄鱼（上图）体表呈橙色，鳞上有小黄斑，胸鳍上有紫斑。雌鱼（下图）体表呈橙黄色，一条紫缘粉橘色条纹自眼下斜向延伸至胸鳍基部。

体长 15 cm

生活习性 栖息于水质清澈的潟湖和外礁区，栖息深度为 1~35 m。偏爱在礁顶前方和珊瑚头上聚成或大或小的群活动，群体内通常有 1 条雄鱼和 5~10 条雌鱼。

分布 从红海、非洲东岸至日本西南部、帕劳、所罗门群岛、澳大利亚和斐济

高体拟花鮨

Pseudanthias hypselosoma

雄鱼（上图和中图）背鳍上有红斑，尾鳍呈扇形，且边缘很薄、呈蓝色。雌鱼尾鳍边缘略呈锯齿状且呈红色。

体长　19 cm

生活习性　栖息于潟湖和外礁遮蔽区，栖息深度为 10~35 m。常聚成或大或小的群在珊瑚头和有突起的地方活动。

分布　从马尔代夫至日本西南部、帕劳、澳大利亚大堡礁、新喀里多尼亚和萨摩亚群岛

即使是同一个群体内的雄鱼，体色也有所不同，从较深的橘红色到淡淡的粉红色（这种体色的个体更常见）不等。

纹带拟花鮨

Pseudanthias taeniatus

雄鱼体表有两条深红色宽条纹。雌鱼体表呈橙色，腹部颜色更亮。

体长　13 cm

生活习性　栖息于珊瑚丰富、水质清澈的潟湖和外礁区，栖息深度为 12~50 m。每条雄鱼最多与 15 条雌鱼一同生活。偏爱在圆丘礁和突出的珊瑚附近活动。雌鱼通常靠近海底活动，雄鱼则通常在高出海底数米的区域活动。

分布　红海（亚丁湾和波斯湾之间的海域里有本种的相似种托氏拟花鮨）

刺盖拟花鮨

Pseudanthias dispar

雄鱼背鳍呈亮红色，边缘呈蓝色；雌鱼体表呈橙色，颌部则呈浅白色。

体长 9.5 cm

生活习性 栖息于外礁区，栖息深度为 2~15 m。通常在礁石上方不超过 3 m 的地方集群活动。

分布 从圣诞岛至日本南部、莱恩群岛、密克罗尼西亚和澳大利亚大堡礁

静拟花鮨

Pseudanthias tuka

雄鱼背鳍后部有一块紫斑。

体长 12 cm

生活习性 栖息于外礁区，栖息深度为 2~40 m。通常在礁石上方不超过 3 m 的地方集群活动，捕食浮游动物，包括鱼卵。

分布 从印度尼西亚至日本南部、帕劳、瓦努阿图和澳大利亚大堡礁

左图 雌鱼背部的橙色条纹一直延伸至上尾叶，下尾叶边缘也呈橙色。

黄尾拟花鮨

Pseudanthias evansi

通体呈紫色（在水下无人工照明时为蓝色），一条黄色宽条纹从颈部一直延伸至尾鳍。

体长 10 cm

生活习性 栖息于外礁区，栖息深度为 3~40 m。通常在礁石上方不超过 2 m 的地方活动，大多聚成小群活动，聚成大群的少见。

分布 从非洲东岸至毛里求斯、安达曼群岛以及圣诞岛

侧带拟花鮨

Pseudanthias pleurotaenia

雄鱼体表呈绛紫色，体侧有一块长方形亮斑。

体长　20 cm

生活习性　栖息于外礁陡坡，栖息深度为 10~100 m，通常在水深不足 20 m 的地方活动。在松散的群体中，每条雄鱼最多与 8 条雌鱼一同活动。

分布　从巴厘岛至澳大利亚西北部、日本西南部、密克罗尼西亚、萨摩亚群岛和新喀里多尼亚

右图　雌鱼通体呈橙色，从眼下至下尾叶有一对紫色条纹。雌性丝鳍拟花鮨与之相似，但眼下的条纹只延伸至胸鳍基部。

赫氏拟花鮨

Pseudanthias huchtii

雄鱼通体呈淡紫色，一条红色条纹从眼部一直延伸至胸鳍。雌鱼通体呈淡黄绿色，尾鳍边缘呈黄色。

体长　12 cm

生活习性　栖息于水质清澈、珊瑚丰富的潟湖和外礁区，栖息深度为 3~20 m。通常在礁石边缘或礁石突起的地方单独或集群捕食浮游动物。

分布　从印度尼西亚至菲律宾、帕劳、所罗门群岛、澳大利亚大堡礁和瓦努阿图

伊豆鲻鮨

Serranocirrhitus latus

背部高耸，不同寻常。鳃盖上缘有一块黄斑，颊部有两条断断续续的黄色条纹。

体长　13 cm

生活习性　栖息于外礁区，栖息深度为 15~70 m。大多单独或集群在礁坡的悬垂物下和洞穴中活动。

分布　从印度尼西亚至日本西南部、菲律宾、帕劳、澳大利亚大堡礁和新喀里多尼亚

大眼鲷科
Priacanthidae

金目大眼鲷
Priacanthus hamrur

体表大多呈亮红色。

体长　40 cm

生活习性　栖息于潟湖和外礁区，栖息深度为 10~100 m。白天偶尔在礁石上方聚成大群活动，夜晚捕食浮游动物。

分布　从红海、阿曼、非洲东岸至日本西南部、密克罗尼西亚、澳大利亚东南部以及法属波利尼西亚

左图　本种可以在几秒钟内改变体色，比如从亮红色变成银红色或银色。潜水员通常能在集群中看到不同体色的金目大眼鲷。

灰鳍异大眼鲷
Heteropriacanthus cruentatus

可以迅速让体色在红色和银色之间变换，鳍上有斑点或斑块。

体长　32 cm

生活习性　栖息于潟湖和外礁区，栖息深度为 2~20 m。白天大多在珊瑚礁前漂游，夜晚捕食浮游动物。

分布　环热带海域

福氏副鳊

Paracirrhites forsteri

有多种体色类型，头部有黑色或红色斑点。

体长 22 cm

生活习性 栖息于水质清澈的潟湖和外礁区，栖息深度为 1~40 m。胆子比较大，多潜伏在石珊瑚、火珊瑚和岩石附近以捕食小鱼和虾。

分布 从红海、非洲东岸至日本南部、夏威夷群岛和迪西岛

鳊科

Cirrhitidae

鳊科鱼又被称为珊瑚观察者或鹰鱼，因为它们擅长“狩猎”。它们通常潜伏在珊瑚、岩石或大型海绵的高处观察周围环境，以快速捕捉幼鱼或虾。从这方面来说，长鳍鲤鳊是鳊科中的另类，它们以浮游动物为食，并且会向上游数米到开放水域捕食。鳊科鱼雌雄同体，它们会先发育成性成熟的雌鱼，再在有需要时变为雄鱼。

副鳎

Paracirrhites arcatus

眼后有蓝、红、黄相间的弓形条纹，后半身多有一条白色宽条纹。

体长　14 cm

生活习性　栖息于水质清澈的潟湖和外礁区，栖息深度为 1~35 m。偏爱蛰伏在鹿角珊瑚、杯形珊瑚、萼柱珊瑚等小型枝状珊瑚附近。以小型甲壳动物为食。

分布　从非洲东岸至日本南部、夏威夷群岛和法属波利尼西亚

尖吻鳎

Oxycirrhites typus

吻较长，体表有独特的红色网格图案。

体长　13 cm

生活习性　栖息于外礁区陡峭且多湍流的地带，栖息深度为 5~100 m，大多在水深超过 20 m 的区域活动。通常出现在大型柳珊瑚和黑珊瑚附近，主要捕食浮游动物，也吃底栖小型甲壳动物。

分布　从红海、毛里求斯至日本南部、夏威夷群岛、巴拿马和新喀里多尼亚

翼鳎

Cirrhitus pinnulatus

体表呈橄榄棕色，有大白斑和小黑斑。

体长　30 cm

生活习性　栖息于岩礁区和珊瑚礁区，栖息深度为 0.3~5 m，偏爱在被海浪冲刷的礁顶和礁石边缘活动。在分布区域比较常见，但总的来说比较胆小，善于伪装。以甲壳动物、海胆、蛇尾和小鱼为食。

分布　从红海、非洲东岸至日本南部、密克罗尼西亚和法属波利尼西亚

多棘鲤鲻

Cyprinocirrhites polyactis

鳚科中唯一尾鳍似镰刀的鱼。

体长　7 cm

生活习性　栖息于礁石陡坡和礁顶有湍流的地带，栖息深度为10~132 m。与其他潜伏在海底捕食底栖动物的鳚科鱼不同的是，本种大多在海底上方数米高的地方捕食游经的浮游动物，主要是甲壳动物。

分布　从非洲东岸至日本南部、帕劳、新喀里多尼亚和汤加

右图　夜晚会像其他鳚科鱼一样在海底休息。

鹰金鲻

Cirrhitichthys falco

眼下有两条浅红色横条纹。

体长　7 cm

生活习性　栖息于外礁、海湾、岩礁和珊瑚礁珊瑚较多的区域，栖息深度为 3~46 m。会潜伏在覆有不同植被的硬底质区，特别是长有小型珊瑚的岩石区，有时也出现在小片沙地上。

分布　从马尔代夫至日本南部、加罗林群岛、密克罗尼西亚、斐济和萨摩亚群岛

斑金鳊

Cirrhitichthys aprinus

鳃盖上有一块边缘颜色较亮的棕色斑纹。

体长 12 cm

生活习性 栖息于岩礁区和珊瑚礁区，栖息深度为 5~40 m。会潜伏在覆有不同植被的硬底质区，偏爱在海绵附近活动。

分布 从马尔代夫、安达曼海、科科斯群岛至日本南部、密克罗尼西亚、巴布亚新几内亚和澳大利亚大堡礁

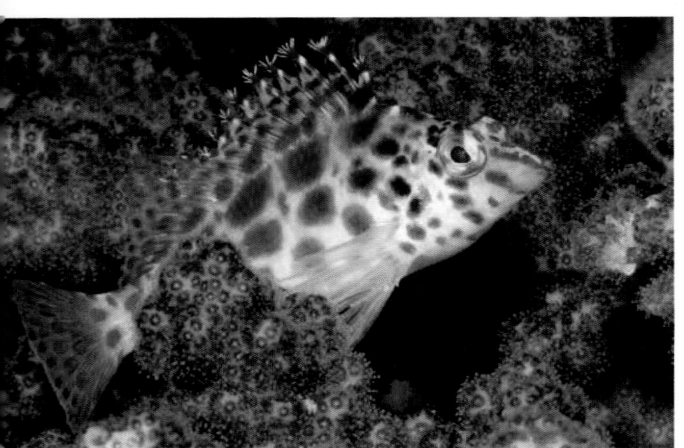

尖头金鳊

Cirrhitichthys oxycephalus

体表底色为白色，有大小不一的红棕色斑纹。在比较深的水域也有一些通体呈浅粉红色、体表布满红色斑纹的个体。

体长 9 cm

生活习性 栖息于潟湖、海湾和外礁区，栖息深度为 1~40 m。胆子比较大。偏爱在不同类型的珊瑚和珊瑚石附近活动，偶尔也出现在海草床附近。

分布 从红海、非洲东岸至日本南部、巴拿马和新喀里多尼亚

左图 本种的体色视栖息深度和栖息区域而定，图中的尖头金鳊栖息得较深，大体上呈红色，头部有少量甚至没有深色斑纹。

环尾天竺鲷

Apogon aureus

体表的黄色从前向后逐渐变浅，头部从吻部经眼至鳃盖有一对蓝色条纹。吻下缘有一条蓝色条纹，尾柄上有黑色宽条纹。

体长 12 cm

生活习性 栖息于潟湖和岸礁遮蔽区，栖息深度为 2~40 m。常聚成大群活动。

分布 从非洲东岸至日本西南部、澳大利亚大堡礁和汤加

天竺鲷科

Apogonidae

天竺鲷科鱼主要是小型鱼，体长一般不超过 12 cm，大多在黄昏和夜晚比较活跃。它们是底栖动物，游动速度慢，常在小范围特定的区域内活动。它们白天通常在缝隙中、枝状珊瑚枝杈间漂游，偶尔游到珊瑚礁或岩礁外缘。黄昏来临后，它们离开庇护所去捕食浮游动物、小鱼和底栖甲壳动物。长有一口大牙的巨牙天竺鲷主要以鱼为食。天竺鲷科鱼因特殊的孵卵方式而闻名。雌鱼产卵后，受精卵由雄鱼含在可伸缩的口中孵育一周左右，这样受精卵既能免受捕食者威胁，又能接触富含氧气的新鲜水流，在此期间雄鱼不进食。

裂带天竺鲷

Apogon compressus

体表的亮色条纹始于眼部并一直延伸至尾部，眼周有一圈不完整的蓝色斑纹。

体长　12 cm

生活习性　栖息于潟湖和外礁遮蔽区。大多在洞穴或枝状珊瑚前集群活动。

分布　从马来西亚至日本西南部、澳大利亚大堡礁和所罗门群岛

金带鹦天竺鲷

Ostorhinchus cyanosoma

体表的橙黄色条纹从吻部经眼一直延伸至尾部。

体长　8 cm

生活习性　栖息于潟湖和外礁遮蔽区，栖息深度为 1~50 m。白天常在珊瑚或珊瑚石前聚成或大或小的群活动，夜晚四散开单独捕食浮游动物。

分布　从红海、波斯湾、非洲东岸至日本西南部、马绍尔群岛、澳大利亚大堡礁和斐济

金盖天竺鲷

Apogon chrysopomus

鳃盖上有橙色斑纹，尾柄上有深色斑点。

体长　9 cm

生活习性　栖息于礁石遮蔽区，栖息深度为 1~20 m。白天常在枝状珊瑚前聚成小群活动。

分布　从爪哇岛至菲律宾和所罗门群岛

单线天竺鲷

Apogon exostigma

体表有一条深色竖条纹，由前向后渐窄。尾鳍基部有一个黑色斑点，且该斑点位于竖条纹上方。

体长　11 cm

生活习性　栖息于潟湖和外礁区，栖息深度为 2~20 m。白天常在珊瑚顶端、悬垂物或缝隙附近活动，夜晚主要在沙地上方捕食浮游动物。

分布　从红海、非洲东岸至日本西南部、莱恩群岛、萨摩亚群岛和法属波利尼西亚

哈茨氏天竺鲷

Apogon hartzfeldii

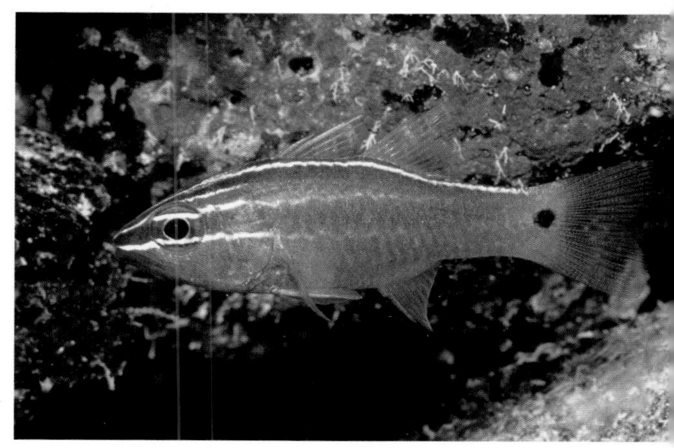

尾部颜色较浅，尾柄上有一个黑色斑点，眼部和背部均有白色窄条纹。

体长　11 cm

生活习性　栖息于岸礁和潟湖遮蔽区，栖息深度为 2~20 m。白天常在珊瑚、珊瑚碎屑或岩石附近聚成小群活动，也会在长有长棘的海胆附近活动以寻求庇护。

分布　从巴厘岛、加里曼丹岛至菲律宾、帕劳和所罗门群岛

霍氏天竺鲷

Apogon hoevenii

第一背鳍后缘呈白色，背部散布着一些白色小斑点。

体长　5 cm

生活习性　栖息于海湾和礁区，栖息深度为 1~30 m。偏爱在软底质区活动，白天也常在珊瑚、海藻或海胆等周围集群活动。

分布　从巴厘岛、加里曼丹岛至日本西南部、巴布亚新几内亚和澳大利亚大堡礁

多带天竺鲷

Apogon multilineatus

体表呈亮奶油色，有许多颜色较暗且深浅不一的竖条纹。头部呈深棕色，有几条白色条纹。

体长 10 cm

生活习性 栖息于潟湖和岸礁区，栖息深度为 2~25 m。通常单独或聚成小群活动。

分布 从苏门答腊岛、马来西亚至菲律宾和所罗门群岛

黑带天竺鲷

Apogon nigrofasciatus

体表呈棕色或黑色，有白色或黄色条纹。

体长 9 cm

生活习性 栖息于潟湖和外礁坡，栖息深度为 3~50 m。通常单独或成对在珊瑚礁底部、悬垂物下以及缝隙和洞穴前活动。以底栖无脊椎动物为食。

分布 从红海、非洲东岸至日本西南部、密克罗尼西亚和法属波利尼西亚

黄带天竺鲷

Apogon properuptus

体表底色为橙黄色，上面有多条银灰色竖条纹，其中最下方的条纹极短，仅从吻部延伸至或略超过鳃盖后缘。

体长 8 cm

生活习性 栖息于潟湖和外礁区，栖息深度为 2~20 m。

分布 从安达曼海至巴布亚新几内亚、澳大利亚东部和新喀里多尼亚

四线天竺鲷 / 宽条鹦天竺鲷

Apogon quadrifasciatus / Ostorhinchus fasciatus

体表上方和下方各有一条银色缘棕色条纹，条纹均从眼部延伸至尾鳍。

体长 10 cm

生活习性 栖息于岸礁泥沙地。

分布 从红海、波斯湾、非洲东岸至澳大利亚北部和菲律宾

条腹天竺鲷

Apogon thermalis

第一背鳍前缘呈黑色，体表自吻部经眼至鳃盖后方有一条黑色宽条纹。

体长 8 cm

生活习性 栖息于岸礁遮蔽区，栖息深度为 2~15 m。白天在珊瑚前聚成小群活动，常出现在沙地上。

分布 从非洲东岸至日本西南部、所罗门群岛和瓦努阿图

三斑锯鳃天竺鲷

Pristicon trimaculatus

背部有 3 块大小不一的鞍状斑，鳃盖上有一块可变浅的深色斑。

体长 15 cm

生活习性 栖息于潟湖和外礁区，栖息深度为 2~15 m。通常单独或成对活动。

分布 从马来西亚至日本西南部、澳大利亚大堡礁和萨摩亚群岛

双斑长鳍天竺鲷

Archamia biguttata

尾柄和鳃盖上方各有一块黑斑。

体长 10 cm

生活习性 栖息于潟湖和外礁遮蔽区，栖息深度为 2~18 m。大多在缝隙或洞穴前集群活动。

分布 从苏门答腊岛至日本西南部、帕劳、马里亚纳群岛和萨摩亚群岛

褐斑长鳍天竺鲷

Archamia fucata

尾鳍基部有一块黑斑，自吻部经眼有一对蓝色条纹。

体长 8 cm

生活习性 栖息于潟湖和外礁遮蔽区，栖息深度为 2~60 m。大多密集地聚集在洞穴或枝状珊瑚附近，夜晚捕食浮游动物。

分布 从红海、非洲东岸至日本西南部和萨摩亚群岛

真长鳍天竺鲷

Archamia macroptera

体表有众多较窄的棕黄色横条纹（部分条纹斜向延伸），尾鳍基部要么有一块模糊的深色斑，要么有清晰的黑色条纹。

体长 9 cm

生活习性 栖息于潟湖和外礁区，栖息深度为 2~15 m。白天通常在珊瑚或岩石前聚成密集的小群活动。

分布 从安达曼海、苏门答腊岛至中国台湾和萨摩亚群岛

纵带巨牙天竺鲷

Cheilodipterus artus

体表有 8 条黑色竖条纹，尾部有一块黄斑，黄斑上有一个黑色斑点。有些个体体色较深，尾柄呈黑色或烟黑色。成鱼可以快速改变体色。

体长　20 cm

生活习性　栖息于海湾、台礁和潟湖遮蔽区，栖息深度为 3~20 m。大多在洞穴或珊瑚，特别是枝状珊瑚前聚成松散的小群，捕食小鱼。

分布　从非洲东岸至日本西南部和法属波利尼西亚

等斑巨牙天竺鲷

Cheilodipterus isostigmus

体表有 5 条黑色竖条纹。尾部有一块黄斑，黄斑上有一个黑色斑点，且黑色斑点位于正中间那条黑色竖条纹的上方。

体长　10 cm

生活习性　栖息于潟湖和外礁遮蔽区，栖息深度为 3~40 m。大多隐藏在洞穴、缝隙或枝状珊瑚附近，常集群活动。

分布　从加里曼丹岛、南海至菲律宾、马绍尔群岛、所罗门群岛和瓦努阿图

巨牙天竺鲷

Cheilodipterus macrodon

体表有棕色竖条纹，尾柄颜色很浅，幼鱼尾柄上有分散的深色条纹。

体长　25 cm

生活习性　栖息于珊瑚丰富的潟湖和外礁区，栖息深度为 0.5~40 m。通常单独活动，偶尔聚成小群，大多躲藏在洞穴中或悬垂物下，很少离开这些地方。是一些海域的常见种，主要以小鱼为食。

分布　从红海、波斯湾、非洲东岸至日本西南部和法属波利尼西亚

五带巨牙天竺鲷

Cheilodipterus quinquelineatus

体表有 5 条黑色竖条纹，尾部有一块黄斑，黄斑上有一个黑色斑点，且黑色斑点位于正中间那条黑色竖条纹的上方。

体长　12 cm

生活习性　栖息于潟湖和外礁区，栖息深度为 1~40 m。白天多聚集在珊瑚和礁石前，会躲藏到珊瑚枝杈和冠海胆的长棘间，捕食甲壳动物与小鱼。

分布　从红海、非洲东岸至日本西南部、密克罗尼西亚、澳大利亚东南部和法属波利尼西亚

玻璃腭竺鱼

Foa hyalina

体表呈淡红色，身体半透明，身上有红棕色条纹：其中眼周的条纹呈放射状，其他的则是横条纹。

体长 5 cm

生活习性 栖息于潟湖和岸礁区，栖息深度为2~15 m，常躲藏在软珊瑚枝杈间。

分布 从印度尼西亚东部、巴布亚新几内亚至菲律宾和帕劳

考氏鳍天竺鲷

Pterapogon kauderni

体表有黑色条纹和白色小斑点，鳍特别长是本种与其他鱼最大的区别。

体长 6 cm

生活习性 多栖息于沙砾地遮蔽区，偶尔栖息于海藻丛，栖息深度为1~15 m。常几条几条地聚在一起在栖所附近活动，也会躲藏到海胆棘刺和海葵触手间。

分布 巴厘岛、邦盖岛和苏拉威西岛西部

丝鳍圆天竺鲷

Sphaeramia nematoptera

眼睛虹膜呈红色，头部呈黄绿色，第一背鳍下方有深色宽条纹，后半身呈浅白色并有浅红棕色斑点。

体长 8 cm

生活习性 栖息于海湾、潟湖和岸礁遮蔽区，栖息深度为1~14 m。白天集群活动，常出现在枝状珊瑚（比如左图中的圆筒滨珊瑚）枝杈间。夜晚在海底觅食。

分布 从爪哇岛、巴厘岛至日本西南部、帕劳、波纳佩岛、澳大利亚大堡礁和斐济

环纹圆天竺鲷

Sphaeramia orbicularis

体表呈银色或亮灰色，前半身有深色窄条纹，后半身有深色斑点。

体长 10 cm

生活习性 栖息于海湾和岸礁遮蔽区，栖息深度为0.5~5 m。常在海岸附近的红树林、岩石、生物碎屑及码头栈桥附近集群活动。

分布 从非洲东岸至日本西南部、马里亚纳群岛、基里巴斯和新喀里多尼亚

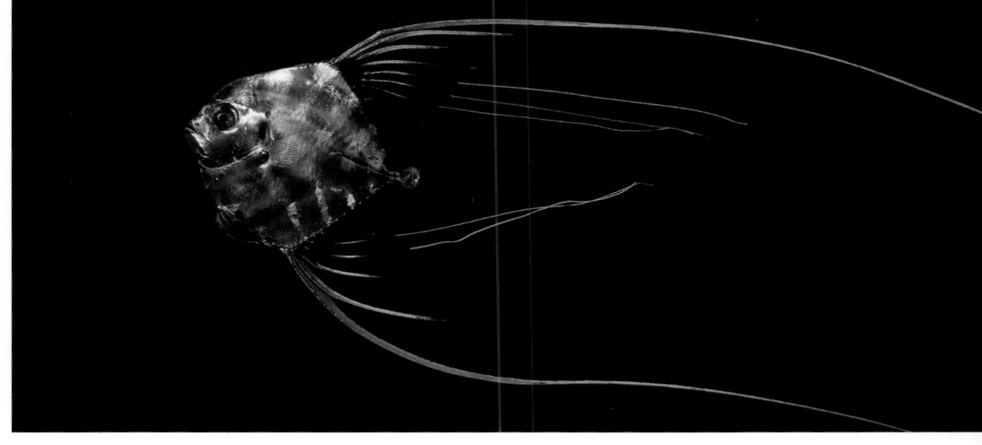

丝鲹

Alectis ciliaris

身体侧扁，背部高耸，整体看上去棱角分明。幼鱼的背鳍和臀鳍长有极长的丝状鳍条，这些鳍条会随着本种年龄的增长而变短，在本种性成熟后则完全消失。

体长　110 cm

生活习性　多为深海鱼，也有部分成鱼栖息于水深不超过 100 m 的陡坡。幼鱼常在浅水域活动，因长有丝状鳍条而貌似水母。

分布　环热带海域

鲹科

Carangidae

鲹科鱼昼夜活跃，始终在游动，因而膀胱功能退化或完全丧失。尾柄狭窄，尾鳍呈叉状，这使得它们成为快速而持久的捕食者。它们常聚成小群捕食，主要以鱼为食，在珊瑚礁上捕食时速度之快令人印象深刻。六带鲹会成群聚成环状待在礁石附近并保持队形。鲹科鱼常被误认为鲭科鱼，金枪鱼就是鲭科鱼。鲹科鱼中的许多物种长有特化的骨质棱鳞，这些骨质棱鳞常常超出侧线，并且加强了尾部力量。

橘点若鲹

Carangoides bajad

体表呈银灰色，略带点儿浅蓝色调，有橙色斑点，可以快速改变体色的深浅程度。

体长　55 cm

生活习性　栖息于潟湖和外礁区，栖息深度为 2~70 m。常单独或聚成小群在礁石附近活动，有些甚至直接见于礁石上方。

分布　从红海、波斯湾、塞舌尔至日本西南部、帕劳和所罗门群岛

左图　部分海域的个体体表呈亮黄色，它们常单独或聚成小群在礁石间活动。

吉打副叶鲹

Alepes djedaba

鳃盖上缘有一块突出的黑色“耳斑”。

体长　40 cm

生活习性　成鱼常常出没于礁石附近，偶尔聚成大群活动。以虾和其他小型浮游甲壳动物为食，也吃小鱼。

分布　从红海、非洲东岸至日本和新喀里多尼亚（也会经苏伊士运河迁徙至地中海）

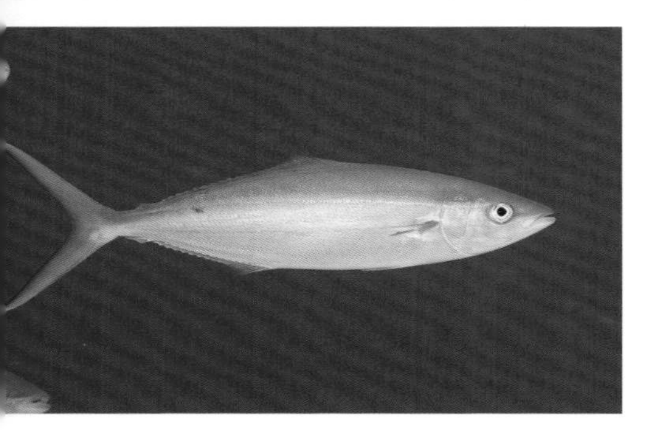

纺锤鰤

Elagatis bipinnulata

体侧有一对浅蓝色竖条纹。

体长　120 cm

生活习性　深海鱼，偶尔在外礁坡聚成小群活动，少数个体也会出现在潟湖水深 1~150 m 处。身手敏捷，但生性胆小。主要捕食小鱼和大型浮游甲壳动物。

分布　环热带海域

珍鲹

Caranx ignobilis

头背部弯曲，胸鳍基部有一块小黑斑，背部常有几条颜色较亮的条纹。

体长　170 cm

生活习性　栖息于外礁坡和潟湖，栖息深度为 5~80 m。通常单独活动，偶尔聚成小群，生性胆小。本种在大多数海域罕见，以鱼和甲壳动物为食。

分布　从红海、非洲东岸至日本西南部、巴拿马以及法属波利尼西亚

黑尻鲹

Caranx melampygus

体表呈蓝绿色并有许多斑点，鳍呈蓝色。

体长　100 cm

生活习性　栖息于潟湖和外礁区，栖息深度为 1~190 m。通常聚成小群（偶尔聚成大群）沿着外礁坡觅食，主要寻找礁石中的鱼。偶尔伴在羊鱼科鱼左右，以接近猎物。

分布　从红海、非洲东岸至日本西南部、巴拿马以及法属波利尼西亚

六带鲹

Caranx sexfasciatus

鳃盖上缘有一个黑色斑点，背鳍尖和臀鳍尖呈白色。

体长　90 cm

生活习性　栖息于水质清澈的外礁区，栖息深度为 2~90 m。白天常聚成大群进行螺旋式游动，偶尔停下来。发情期成对游动，其中雄鱼几乎呈黑色。

分布　从红海、非洲东岸至日本西南部和中美洲

无齿鲹

Gnathanodon speciosus

亚成体体表呈银色并有深色横条纹，成鱼体表也呈银色，但有少量黑斑。

体长 120 cm

生活习性 栖息于潟湖和外礁区，栖息深度为 1~50 m。以沙地中的甲壳动物等无脊椎动物为食，也捕食鱼。

分布 从红海、非洲东岸至日本西南部和巴拿马

左图 幼鱼通体呈黄色，并带有金属光泽，体表有深色横条纹。它们有时会和亚成体一起跟着鲨、石斑鱼等大型鱼或海龟、儒艮等游动，以抵御捕食者。幼鱼往往用水母做掩护。

舟鰤

Naucrates ductor

体表底色为银白色，上面有很宽的黑色横条纹。

体长 70 cm

生活习性 深海底栖鱼。常单独在远洋鲨、鳐或海龟旁游动，有时也会聚成小群在其他鱼，特别是鲨附近活动。幼鱼有时用水母或沉船残骸做掩护。

分布 环热带海域

金带细鲹

Selaroides leptolepis

体表呈银色，从头部到尾部有一条亮黄色竖条纹，鳃盖后缘有一块深色斑纹。身体中部到尾部有一排细长的棱鳞。

体长 20 cm

生活习性 栖息于礁石边缘、岸礁区和海湾，也常出没于码头的立柱旁，栖息深度为 3~20 m。常聚成密集的大群活动。

分布 从波斯湾至日本西南部和澳大利亚北部

长颌似鲹

Scomberoides lysan

体表呈银色，侧线上下各有一排（6~8 个）深色斑点（有时不可见）。

体长　70 cm

生活习性　栖息于潟湖、海湾和外礁区，栖息深度为 1~100 m。成鱼大多单独紧贴着海岸和礁石活动，捕食小鱼和甲壳动物。幼鱼会咬食其他鱼群中鱼的鳞片。

分布　从红海、波斯湾、非洲东岸至日本南部、澳大利亚东南部和萨摩亚群岛

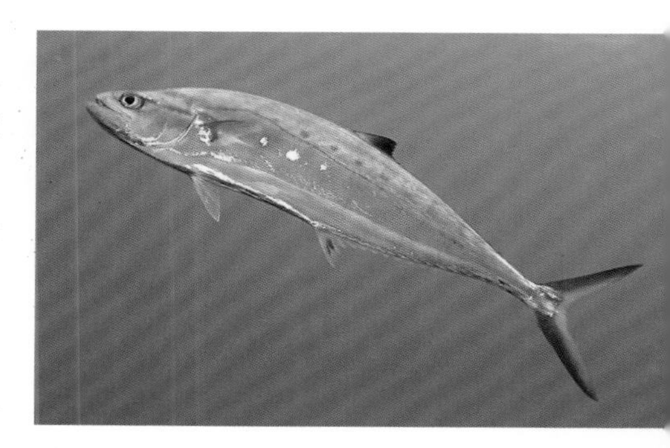

杜氏鰤

Seriola dumerili

体表有一条深色条纹，从上唇经眼一直延伸至背部。

体长　190 cm

生活习性　栖息于水深不超过 300 m 的开放水域。游泳健将，游起来快而持久。单独或集群捕食小鱼和无脊椎动物。幼鱼常聚成小群活动，用沉船残骸或水母做掩护。

分布　热带和温带海域

斐氏鲳鲹

Trachinotus baillonii

侧线上有 2~5 个深色斑点。

体长　54 cm

生活习性　栖息于沿海、潟湖和外礁区离海面比较近的区域，也常出没于沙滩的海蚀区。通常单独或聚成松散的小群活动，捕食小鱼。

分布　从红海至日本南部、马绍尔群岛、莱恩群岛和法属波利尼西亚

布氏鲳鲹

Trachinotus blochii

背部高耸，身体较短，吻圆而钝。幼鱼的背鳍和臀鳍更长。

体长　65 cm

生活习性　栖息于岩礁区、珊瑚礁区、深海湾和外礁区，栖息深度为 5~50 m。通常单独或集群活动，幼鱼多在近岸泥沙地附近活动。以腹足类动物和甲壳动物为食。

分布　从红海、波斯湾、非洲东岸至日本西南部、澳大利亚东南部和萨摩亚群岛

笛鲷科
Lutjanidae

笛鲷科鱼是底栖珊瑚鱼。它们白天不怎么活跃，通常单独或聚成小群待在诸如悬垂物下等遮蔽区，一旦离开遮蔽区就会聚成大群紧贴海底游动。在许多礁区，成员固定的大型笛鲷群令潜水员印象深刻。笛鲷科中的一些大型物种的成鱼则是独居者。笛鲷科鱼是夜行性捕食者，主要以底栖无脊椎动物（尤其是蟹）、小鱼和浮游动物为食。笛鲷科中以鱼为食的大型物种的牙均具有标志性。笛鲷科共有 100 多种鱼，它们分布在世界各地的热带和亚热带海域。其中有许多物种是重要的、有价值的食用鱼，也有些物种含雪卡毒素，不可食用。

四线笛鲷

Lutjanus kasmira

体表呈黄色，有 4 条浅蓝色条纹。腹面呈浅白色，眼周有深色阴影。

体长 35 cm

生活习性 栖息于潟湖和外礁区，栖息深度为 3~265 m。通常单独、聚成小群或者大群（左页图）活动。夜晚单独捕食小鱼和底栖甲壳动物。

分布 从红海、非洲东岸至日本西南部、密克罗尼西亚、澳大利亚东南部和法属波利尼西亚

胸斑笛鲷

Lutjanus carponotatus

体表呈银色，有不超过 9 条黄色或金棕色竖条纹，胸鳍基部有一块黑斑。

体长 40 cm

生活习性 栖息于潟湖和外礁区，栖息深度为 3~35 m。偶尔出没于水质略混浊的海域。通常单独或聚成大群活动。

分布 从印度至中国南部、所罗门群岛和澳大利亚大堡礁

红纹笛鲷

Lutjanus rufolineatus

大多会发出浅红色微光，特别是前半身和吻部。背部后上方常有一块黑斑。

体长 25 cm

生活习性 栖息于外礁坡，栖息深度为 6~50 m。大多成群在高出海底一定距离的区域活动。

分布 从马尔代夫至日本西南部、澳大利亚北部、萨摩亚群岛以及汤加

白斑笛鲷

Lutjanus bohar

虹膜呈黄色，胸鳍前缘颜色较深，有时为黑色。

体长　80 cm

生活习性　栖息于潟湖和外礁区，栖息深度为 3~70 m。通常单独或集群活动，偶尔聚成大群（上图）在礁石前比较开阔的水域活动。会在高出海底一定距离的区域捕食小鱼。部分海域的个体含雪卡毒素。

分布　从红海、阿曼南部、非洲东岸至日本西南部、密克罗尼西亚、澳大利亚大堡礁和法属波利尼西亚

左图　幼鱼背部后侧有两块显眼的白斑，它们偏爱紧贴海底游动，且大多待在珊瑚附近。

双斑笛鲷

Lutjanus biguttatus

体表有很宽的白色竖条纹，竖条纹上下方各有一条棕红色条纹。背部呈棕灰色且有 2~3 块白斑。

体长　20 cm

生活习性　栖息于珊瑚丰富的潟湖和外礁区，栖息深度为 3~30 m。夜行鱼，白天常聚成小群或大群在珊瑚附近活动。

分布　从马尔代夫至菲律宾、所罗门群岛、斐济和澳大利亚大堡礁

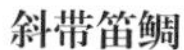

斜带笛鲷

Lutjanus decussatus

体表呈浅白色，有几条铜棕色竖条纹，背部同色的横条纹与竖条纹相交，尾鳍基部有一块黑斑。

体长　30 cm

生活习性　栖息于潟湖、岸礁区和外礁区，栖息深度为 2~35 m。通常单独或聚成松散的群活动，偏爱在珊瑚礁附近的沙砾地上方游动。

分布　从印度、安达曼海至日本西南部和巴布亚新几内亚

埃氏笛鲷

Lutjanus ehrenbergii

体表有 5 条细长的、差别不大的黄色竖条纹，后半身有一块大黑斑。

体长　35 cm

生活习性　栖息于海湾和岸礁区，栖息深度为 3~20 m。常集群活动，胆子比较大，也会出没于岩礁区。幼鱼则常在河口湾和红树林附近活动。

分布　从红海、阿曼、非洲东岸至日本西南部、加罗林群岛、马鲁古群岛和澳大利亚大堡礁

焦黄笛鲷

Lutjanus fulvus

体表呈浅黄色，背鳍和尾鳍呈浅黑色，腹鳍、臀鳍和胸鳍则呈黄色。

体长　40 cm

生活习性　栖息于岩礁、珊瑚礁、潟湖和外礁遮蔽区，栖息深度为 1~75 m。通常单独或聚成松散的小群活动，夜晚捕食鱼和底栖无脊椎动物。

分布　从红海、非洲东岸至日本西南部和密克罗尼西亚

隆背笛鲷

Lutjanus gibbus

体表呈浅红灰色，背鳍和尾鳍颜色较深，背部高耸。

体长　50 cm

生活习性　栖息于潟湖和外礁遮蔽区，栖息深度为1~150 m。通常单独活动，也会形成不活跃的大型固定群体。夜晚单独捕食甲壳动物。

分布　从红海、非洲东岸至日本西南部、密克罗尼西亚、澳大利亚东南部和法属波利尼西亚

左图　一些海域的个体常聚成紧密的大群活动。

正笛鲷

Lutjanus lutjanus

眼大，眼后至尾部有一条黄色或黄棕色条纹。

体长　30 cm

生活习性　栖息于海湾和外礁坡遮蔽区，栖息深度为5~90 m。白天常聚成紧密的大群，夜晚则四散开来单独捕食。

分布　从红海、非洲东岸至日本西南部、澳大利亚大堡礁和所罗门群岛

勒氏笛鲷

Lutjanus russellii

体表约有 5 条铜色条纹，后半身大多有一块大黑斑。

体长　35 cm

生活习性　栖息于岩礁区和珊瑚礁区，栖息深度为3~80 m。通常单独或集群活动。幼鱼常在红树林和河口湾活动。

分布　从红海、非洲东岸至日本西南部、澳大利亚东南部和斐济

单斑笛鲷

Lutjanus monostigma

眼睛虹膜呈红色，鳍呈黄色，侧线后部有时有一块黑斑。

体长　55 cm

生活习性　栖息于外礁区和潟湖，栖息深度为 5~60 m。通常单独或聚成松散的小群在洞穴、悬垂物附近和礁石边缘活动。以鱼为食，夜晚比较活跃。

分布　从红海、非洲东岸至日本西南部、密克罗尼西亚、莱恩群岛和法属波利尼西亚

右图　单斑笛鲷所谓的“单斑”早已不具普遍性。

黑纹笛鲷

Lutjanus semicinctus

体表背部有深色横条纹，尾柄上的大黑斑一直延伸至尾鳍。

体长　35 cm

生活习性　栖息于潟湖和外礁区，栖息深度为 5~35 m。

分布　从菲律宾至加罗林群岛、马鲁古群岛、澳大利亚大堡礁和斐济

叉尾鲷

Aphareus furca

体表呈银色且泛出浅绿色或浅蓝色光泽。吻大，尾鳍分叉较深，鳃盖上有黄棕色条纹。

体长　40 cm

生活习性　栖息于潟湖和外礁区，栖息深度为 2~120 m。通常单独或聚成小群活动，以鱼和甲壳动物为食。

分布　从红海、非洲东岸至日本西南部、巴拿马和澳大利亚

斑点羽鳃笛鲷

Macolor macularis

体色会随着年龄的增长而变化，成鱼（上图）眼睛虹膜呈金黄色。

体长　60 cm

生活习性　栖息于潟湖和外礁陡坡，栖息深度为5~50 m。通常单独或聚成松散的小群活动。

分布　从马尔代夫至日本西南部、帕劳、马里亚纳群岛南部、所罗门群岛和新喀里多尼亚

亚成体（中图）体表呈棕色（成熟后棕色的部分会变成黑色），白色斑点较少。幼鱼（下图）体表有标志性的黑白分明的图案，腹鳍极长。

黑背羽鳃笛鲷

Macolor niger

成鱼（上图）体表呈灰色，鳍颜色更深。

体长 65 cm

生活习性 栖息于潟湖和外礁陡坡，栖息深度为3~90 m。幼鱼单独活动，成鱼则常聚成大群在陡坡前活动。夜晚单独捕食浮游动物。

分布 从红海、非洲东岸至日本西南部、密克罗尼西亚、萨摩亚群岛和新喀里多尼亚

亚成体（中图）体表有标志性的灰白色图案。幼鱼（下图）体表呈白色，身体半透明，鳍和“眼罩”呈黑色，整体黑白分明。

梅鲷科
Caesionidae

梅鲷科鱼和笛鲷科鱼是近亲，但前者大多到开放水域捕食浮游动物，因此它们口小，体形呈流线型，尾鳍分叉较深。梅鲷科鱼在多个海域形成的大型集群为鱼类的丰富性做出巨大贡献。白天，这些技术熟练、持之以恒的游泳健将常待在开放水域，且常栖息于外礁陡坡和潟湖，还会去珊瑚礁附近寻求清洁服务。夜晚，它们则躲藏在礁石缝隙中且常呈淡红色。梅鲷科鱼雌雄同体，先雌后雄，是珍贵的食用鱼。

黄尾梅鲷
Caesio cuning

背部高耸，极具特色。体表呈蓝绿色且有蓝色斑块，尾鳍分叉且呈黄色。

体长　35 cm

生活习性　栖息于外礁陡坡和台礁区，栖息深度为 3~30 m。会在开放水域紧贴着礁石成群游动，也会在混浊的水域活动。常出现在鱼类清洁站，胆子比较大。

分布　从斯里兰卡、安达曼海至日本西南部、帕劳、澳大利亚大堡礁和瓦努阿图

黄蓝背梅鲷
Caesio teres

体表的黄色区域从背部一直延伸至尾部（后背部 2/3 的区域），体表其他部位呈蓝色。

体长　35 cm

生活习性　栖息于外礁陡坡和台礁区，栖息深度为 5~35 m。通常成群游到开放水域去捕食浮游动物。

分布　从非洲东岸至日本西南部、密克罗尼西亚、莱恩群岛、澳大利亚大堡礁和萨摩亚群岛

褐梅鲷

Caesio caerulaurea

体表的一条黄色条纹从头部一直延伸至尾部，尾鳍分叉且上面有黑色条纹。

体长　35 cm

生活习性　栖息于外礁坡和台礁区，栖息深度为3~30 m。通常成群在开放水域捕食浮游动物。

分布　从红海（罕见）、非洲东岸至日本西南部、密克罗尼西亚、澳大利亚大堡礁和萨摩亚群岛

新月梅鲷

Caesio lunaris

体表呈蓝色或浅绿色，尾鳍尖呈黑色。幼鱼尾鳍呈黄色，尾鳍尖呈黑色。

体长　35 cm

生活习性　通常聚成大群在水深 2~40 m 的陡坡上、台礁前活动。在一些海域比较常见，胆子比较大，常成群与梅鲷科的其他鱼同游。

分布　从红海、波斯湾至塞舌尔、日本西南部、帕劳、澳大利亚大堡礁、所罗门群岛和斐济

条尾梅鲷

Caesio suevica

体表呈浅蓝色，尾鳍后部黑白相间。

体长　25 cm

生活习性　栖息于外礁区，栖息深度为 1~25 m。通常集群在礁石上方的开放水域活动，以浮游动物为食。会定期去清洁站，主要寻求口腔清洁服务。

分布　红海

多带梅鲷

Caesio varilineata

体表有黄色竖条纹，尾鳍尖呈黑色。

体长　25 cm

生活习性　栖息于潟湖和外礁区，栖息深度为 1~25 m。偏爱聚成大群在礁石上方的开放水域捕食浮游动物，常与梅鲷科的其他鱼同游，胆子比较大。

分布　从红海、波斯湾、塞舌尔至苏门答腊岛

黄背梅鲷

Caesio xanthonota

整个背部呈黄色，有些个体的黄色区域甚至延伸至额部，尾鳍也呈黄色。

体长 35 cm

生活习性 栖息于外礁坡和台礁区，栖息深度为 3~35 m。偏爱集群在开放水域捕食浮游动物。

分布 从非洲东岸至马尔代夫、安达曼海和马鲁古群岛

金带鳞鳍梅鲷

Pterocaesio chrysozona

一条黄色条纹从眼部一直延伸至尾鳍基部且逐渐变窄，尾鳍尖呈深红色。

体长 20 cm

生活习性 栖息于水质清澈的潟湖、海湾和外礁区，栖息深度为 3~30 m。偏爱聚成大群在开放水域的水体中层捕食浮游动物。

分布 从红海、阿曼湾、非洲东岸至中国东部、巴布亚新几内亚和澳大利亚大堡礁

马氏鳞鳍梅鲷

Pterocaesio marri

体表有两条黄色窄条纹（其中一条在背部）。

体长 35 cm

生活习性 栖息于潟湖和外礁区，栖息深度为 5~30 m。通常聚成大群在礁石前自由游动并捕食浮游动物。

分布 从非洲东岸至日本西南部、密克罗尼西亚和法属波利尼西亚

黑带鳞鳍梅鲷

Pterocaesio tile

通体呈银蓝色，背部鳞颜色较深，体表有一条深色条纹。

体长 25 cm

生活习性 栖息于水质清澈的潟湖和外礁区，栖息深度为 5~40 m。白天常聚成大群自由游动并捕食浮游动物。身体下半侧会随礁石变成红棕色，以寻求庇护或清洁服务。

分布 从非洲东岸至日本南部、新喀里多尼亚、拉帕岛和法属波利尼西亚

鮀科
Kyphosidae

长鲻鮀
Kyphosus cinerascens

第二背鳍和臀鳍高挑。

体长　45 cm

生活习性　栖息于外礁区，栖息深度为 1~25 m。通常单独或聚成小群在海蚀区活动，主要以漂动的海藻幼体为食。

分布　从红海、阿曼和非洲东岸至日本西南部、夏威夷群岛、澳大利亚东南部和法属波利尼西亚

低鲻鮀
Kyphosus vaigiensis

第二背鳍和臀鳍低矮，体表有黄铜色条纹，能快速将体表图案变为带有白斑的格子图案。

体长　60 cm

生活习性　栖息于潟湖和外礁区，栖息深度为 1~25 m。大多聚成小群在有湍流的礁坡上活动，主要以漂动的海藻幼体为食。

分布　从红海、阿曼、非洲东岸至日本西南部、夏威夷群岛和法属波利尼西亚

大眼鲳科
Monodactylidae

银大眼鲳
Monodactylus argenteus

背鳍、尾鳍呈浅黄色，臀鳍局部呈浅黄色。

体长　22 cm

生活习性　栖息于潟湖、三角洲和岸礁遮蔽区，栖息深度为 0~15 m。胆子比较大，多集群活动，是潜水员最常见到的一种大眼鲳科鱼。

分布　从红海、阿曼、非洲东岸至日本西南部、萨摩亚群岛和新喀里多尼亚

仿石鲈科

Haemulidae

仿石鲈科鱼白天大多静静地待在一处，有时单独或聚成小群活动，偶尔也会聚成大群活动。它们通常不胆怯，有些物种的体色很吸引人。有些经常漂游于开放海域外露的区域，有些（比如条斑胡椒鲷）爱在清洁站附近活动，有些则偏爱在桌形轴孔珊瑚或悬垂物下等遮蔽区活动。其中胡椒鲷属的幼鱼不同个体之间的体色通常截然不同，并且与安安静静的成鱼不同的是，这些幼鱼常不安地到处游动。仿石鲈科的物种大多在夜晚单独捕食无脊椎动物和小鱼，也有一些物种也吃开放水域的浮游动物。

条斑胡椒鲷

Plectorhinchus vittatus

体表有深色竖条纹，鳍呈黄色。背鳍、臀鳍和尾鳍上有深色斑纹。

体长 75 cm

生活习性 栖息于水质清澈、珊瑚丰富的潟湖和外礁区，栖息深度为 2~25 m。爱单独活动，也常集群在礁石边缘和大型珊瑚礁顶端活动。

分布 从非洲东岸至日本西南部、马里亚纳群岛、加罗林群岛、澳大利亚和萨摩亚群岛

条纹胡椒鲷

Plectorhinchus lineatus

身体上半侧有黑色斜条纹，唇与鳍均呈黄色，其中背鳍和尾鳍上有黑斑。

体长　50 cm

生活习性　栖息于珊瑚丰富的潟湖和外礁区，栖息深度为 2~35 m。通常单独或聚成小群活动，夜晚独自觅食。

分布　从巴厘岛至日本西南部、菲律宾、关岛、澳大利亚大堡礁和新喀里多尼亚

黄点胡椒鲷

Plectorhinchus flavomaculatus

成鱼通体呈灰色且有许多黄色小斑点，头部有黄色斑纹。

体长　60 cm

生活习性　栖息于潟湖、岸礁和海湾遮蔽区，栖息深度为 3~35 m。大多单独活动，偶尔聚成小群活动。不太常见。以小鱼和甲壳动物为食。

分布　从红海（不包括红海北部）、阿曼、非洲东岸至日本西南部、巴布亚新几内亚和澳大利亚东南部

有的亚成体（中图）体表呈蓝灰色，且开始长出黄色小斑点，头部有斑纹。有的亚成体（下图）体表呈奶油色，且有较大的橙色斑点（头部也有）。

斑胡椒鲷

Plectorhinchus chaetodonoides

成鱼（上图）体表呈奶油色且有许多深色斑点。

体长　70 cm

生活习性　栖息于珊瑚丰富的潟湖和外礁区，栖息深度为 1~35 m。大多单独活动，白天常出没于珊瑚前或垂悬物下等遮蔽区。幼鱼始终紧贴着海底游动，以便随时躲藏起来。

分布　从马尔代夫至日本西南部、斐济和新喀里多尼亚

鱼龄较大的幼鱼（中图）通体呈灰棕色且有大白斑，并开始长出成鱼才有的深色斑纹。鱼龄较小的幼鱼（下图）通体呈亮红棕色且有几块边缘颜色较深的大白斑，它们极不平稳、摆动幅度较大的游动姿势引人注目。

白带胡椒鲷

Plectorhinchus albovittatus

腹鳍呈黑色，臀鳍和胸鳍局部呈黑色，背鳍和尾鳍边缘呈黑色。

体长 100 cm

生活习性 栖息于潟湖和外礁区，栖息深度为 2~50 m。仿石鲈科中体形较大的鱼，白天多在岩礁区、沙砾地附近惬意地游动或漂浮在某处不动。

分布 从红海、非洲东岸至日本西南部、斐济和新喀里多尼亚

黄纹胡椒鲷

Plectorhinchus chrysotaenia

体表有较窄的黄色竖条纹，所有鳍均呈亮黄色。

体长 50 cm

生活习性 栖息于珊瑚丰富的潟湖和外礁遮蔽区，栖息深度为 5~60 m。白天常聚成较大的群活动，夜晚则四散开分头捕食。

分布 从巴厘岛至日本西南部、澳大利亚大堡礁和新喀里多尼亚

密点胡椒鲷

Plectorhinchus gaterinus

鳍和上唇呈黄色，体表（包括背鳍和尾鳍）有众多黑色小斑点。

体长 45 cm

生活习性 栖息于潟湖、海湾和外礁遮蔽区，栖息深度为 3~35 m。白天常集群在遮蔽区或暗礁附近漂游。

分布 红海、非洲东岸、毛里求斯和波斯湾

大斑胡椒鲷

Plectorhinchus macrospilus

体表底色为浅白色，上面有许多大黑斑，吻部有不少黑色横条纹。尾鳍、臀鳍和背鳍局部呈浅黄色。

体长　30 cm

生活习性　一种在 2000 年才被记载的罕见物种，相对胆小，偏爱在缝隙或悬垂物附近活动。

分布　泰国部分海域、安达曼海

六孔胡椒鲷

Plectorhinchus polytaenia

体表底色为黄色，上面有黑缘浅蓝色竖条纹，所有鳍均呈黄色。

体长　40 cm

生活习性　栖息于潟湖和外礁区，栖息深度为 3~40 m。常出没于珊瑚丰富的区域，白天爱在珊瑚前或遮蔽区漂游，夜晚则捕食底栖无脊椎动物。

分布　从巴厘岛至澳大利亚西北部、菲律宾和巴布亚新几内亚

左图　亚成体体色更深，体表的条纹更少，尾鳍上也有条纹。图中的这条鱼刚开始变换体色，体表条纹的颜色已经变为浅蓝色。幼鱼体表条纹全部呈白色，体表底色近乎黑色。

密点少棘胡椒鲷

Diagramma pictum

成鱼（上图）体表呈浅银灰色，亚成体（中图）体表有黄棕色条纹和斑纹，幼鱼（下图）体表则有黑白相间的条纹。

体长 90 cm

生活习性 栖息于潟湖和外礁区，栖息深度为 3~40 m。常出没于软硬底质混合区，如有沙地的台礁附近。白天单独或聚成小群活动，夜晚则独自捕食底栖无脊椎动物。

分布 从红海、非洲东岸至日本西南部、巴布亚新几内亚和新喀里多尼亚（在其他很多海域有该物种的亚种）

裸颊鲷科

Lethrinidae

裸颊鲷科的许多鱼通体呈银灰色，体表没有其他颜色的斑纹或图案。此外，该科不同物种体形截然不同。例如，有些从额部开始陡然倾斜，有些则头部尖尖。体形较小的物种通常集群活动，体形较大的则通常单独活动，许多物种的幼鱼和成鱼体色不同。该科的鱼主要以蟹和蠕虫等底栖无脊椎动物为食，也吃小鱼和部分浮游生物。它们大多在夜晚捕食，有些也在白天活动，甚至有不少昼夜活跃。该科的所有物种均为邻接雌雄同体动物，即随着年龄的增长会由雌性转变为雄性。

金带齿颌鲷

Gnathodentex aureolineatus

通体呈银灰色，背鳍基部后侧有一块亮黄色的斑。

体长　30 cm

生活习性　栖息于潟湖和外礁坡，栖息深度为 2~20 m。白天常集群在珊瑚附近活动，夜晚则四散开分头觅食。

分布　从非洲东岸至日本西南部、密克罗尼西亚、莱恩群岛、澳大利亚东南部和法属波利尼西亚

云纹裸颊鲷

Lethrinus borbonicus

通体呈银绿色。

体长 40 cm

生活习性 栖息于潟湖中的小片沙地和外礁遮蔽区，栖息深度为 1~40 m。胆子比较大，夜晚在浅水域的礁石附近捕食带硬壳的无脊椎动物。

分布 从红海、波斯湾至莫桑比克和毛里求斯

红棘裸颊鲷

Lethrinus erythracanthus

头部呈浅蓝色，鳍呈黄色或灰黄色。

体长 70 cm

生活习性 栖息于潟湖和外礁区，栖息深度为 10~120 m。裸颊鲷科中体形最大的物种。生性胆小，罕见。以海胆、海星、贝类和腹足类动物为食。

分布 从非洲东岸至日本西南部、密克罗尼西亚、澳大利亚大堡礁和法属波利尼西亚

黄尾裸颊鲷

Lethrinus mahsena

头部呈浅灰蓝色且无斑纹，背部有数条横条纹。

体长 65 cm

生活习性 栖息于海湾和外礁区，栖息深度为 3~100 m。通常单独活动，以棘皮动物（包括长棘海胆）为食，也捕食鱼和甲壳动物。

分布 从红海、阿曼湾至毛里求斯和斯里兰卡

黄唇裸颊鲷

Lethrinus xanthochilus

体表呈浅白色，上唇呈黄色，胸鳍基部有一个黄色或红色斑点。

体长 60 cm

生活习性 栖息于潟湖和外礁区，栖息深度为 3~50 m。偏爱单独或聚成小群在礁石附近的沙砾地、珊瑚混合区上方活动。以带硬壳的无脊椎动物和鱼为食。

分布 从红海、非洲东岸至日本西南部、密克罗尼西亚和法属波利尼西亚

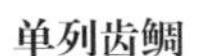

单列齿鲷

Monotaxis grandoculis

通体呈银灰色，头部局部呈金色。

体长　60 cm

生活习性　栖息于潟湖和外礁区，栖息深度为 1~100 m。白天多聚成松散的群沿着礁石边缘漂游，夜晚则分头捕食带硬壳的无脊椎动物。

分布　从红海、非洲东岸至日本西南部、密克罗尼西亚、夏威夷群岛和法属波利尼西亚

鱼龄较大的幼鱼如中图所示。鱼龄较小的幼鱼（下图）体表有浅黑色鞍状斑，头部下侧颜色较亮。

双带眶棘鲈

Scolopsis bilineata

成鱼（下图）从吻部至背后部有一条白色拱形条纹。幼鱼（上图）上半身有黑黄相间的条纹。

体长 25 cm

生活习性 栖息于潟湖和外礁遮蔽区，栖息深度为 1~25 m。常出没于沙砾地附近，以小型无脊椎动物和鱼为食。

分布 从拉克代夫群岛、马尔代夫至日本西南部、密克罗尼西亚西部、新喀里多尼亚和斐济

金线鱼科

Nemipteridae

金线鱼科鱼的游动是间歇性的：通常先游一段距离，然后一动不动地待在海底以伺机捕食小型无脊椎动物或底栖鱼，接着游一段距离并用眼睛搜寻猎物，再停一段时间。在一些地区，它们是重要的食用鱼。

花吻眶棘鲈

Scolopsis temporalis

吻部上方有两条蓝色条纹，眼后斜上方有一块黑斑。与单带眶棘鲈（生活在安达曼海以东的海域）长得很像。

体长 40 cm

生活习性 栖息于潟湖和外礁区，栖息深度为 5~35 m。通常单独或聚成小群在沙地上方游动。

分布 从苏拉威西岛、马鲁古群岛至巴布亚新几内亚、所罗门群岛和斐济

乌面眶棘鲈

Scolopsis affinis

体表呈米色或者浅棕蓝色，尾部呈浅黄色。幼鱼体表有深蓝色竖条纹。

体长 30 cm

生活习性 栖息于潟湖和外礁区，栖息深度为 3~35 m。通常单独或聚成小群在沙地上方游动。

分布 从安达曼海至日本西南部、帕劳、所罗门群岛和澳大利亚大堡礁

齿颌眶棘鲈

Scolopsis ciliata

背鳍基部下方有一条白色竖条纹，体侧的几排鳞片上有鲜黄色斑点。

体长 20 cm

生活习性 栖息于潟湖和岸礁遮蔽区，栖息深度为 2~20 m。通常单独或者聚成小群在泥沙地上方游动。

分布 从安达曼海至日本西南部、帕劳、雅浦岛、所罗门群岛和瓦努阿图

珠斑眶棘鲈

Scolopsis margaritifera

背部的鳞片边缘呈深色，腹部的鳞片上有鲜黄色斑点。

体长 25 cm

生活习性 栖息于潟湖和岸礁区，栖息深度为 2~25 m。偏爱在沙地上方游动。以毛足纲动物、软体动物等底栖无脊椎动物为食，也吃小鱼。

分布 从苏门答腊岛至中国台湾、帕劳、瓦努阿图和澳大利亚北部

艾氏锥齿鲷

Pentapodus emeryii

体表呈蓝色且有两条黄色条纹，上面的那条条纹比下面的窄。成鱼有两条长长的尾鳍条。

体长 30 cm

生活习性 栖息于岸礁区，栖息深度为 3~35 m。通常单独或聚成小群活动，生性胆小。

分布 从澳大利亚西北部、印度尼西亚东部至菲律宾

淡带眶棘鲈

Scolopsis ghanam

体表呈浅白色，背部有深色条纹。

体长 18 cm

生活习性 多栖息于海湾和外礁遮蔽区，栖息深度为 1~20 m。偏爱在沙地上方活动。常见种，胆子比较大，以底栖无脊椎动物为食。会在羊鱼科的鱼周围游动以捕食它们。

分布 从红海、非洲东岸至马达加斯加、波斯湾和安达曼海

榄斑眶棘鲈

Scolopsis xenochrous

胸鳍上方有深色缘蓝色斜条纹，眼上方有一条蓝色斜条纹。

体长 25 cm

生活习性 栖息于潟湖、岸礁区和离岸较远的外礁区，栖息深度为 5~50 m。通常单独或聚成松散的群在沙地上方活动，以底栖无脊椎动物为食。

分布 从马尔代夫、安达曼海至中国台湾、澳大利亚以及所罗门群岛

伏氏眶棘鲈

Scolopsis vosmeri

通体呈红棕色，头部后方有一条白色宽条纹，尾部呈黄色或者浅白色。

体长 25 cm

生活习性 栖息于岸礁区，栖息深度为 2~40 m。偏爱单独或成对在沙砾地或泥沙地附近活动，以底栖无脊椎动物为食。

分布 从红海、波斯湾、非洲东岸至日本西南部、澳大利亚大堡礁和巴布亚新几内亚

三带锥齿鲷

Pentapodus trivittatus

通体呈灰色，腹部及下颌呈白色。自眼后下方至鳃盖后缘有一条浅色条纹。此外，还有通体呈浅灰色、身体后半部分有一块黄斑的个体。

体长 25 cm

生活习性 栖息于潟湖和岸礁遮蔽区，栖息深度为 3~30 m。

分布 从马来西亚至菲律宾、加罗林群岛和所罗门群岛

鲷科
Sparidae

印度洋－太平洋海域仅有少数几种鲷科鱼，且它们相对胆小，难以接近。大西洋、加勒比海和地中海海域的鲷科鱼种类和数量更多，发挥着更重要的生态作用。

双带棘鲷
Acanthopagrus bifasciatus
头部有两条黑色条纹，背鳍、尾鳍和胸鳍呈黄色。
体长　50 cm
生活习性　栖息于礁坡、潟湖、海湾和外礁区，栖息深度为 1~20 m。生性警觉胆小，在一些海域比较常见。在水位较高时会游到礁顶，偏爱在外礁和外礁前方的湍流区活动。
分布　红海、波斯湾、非洲东岸和毛里求斯

鲻科
Mugilidae

鲻科鱼遍布全球热带、亚热带海域，其中部分物种也出没于汽水域和淡水水域。它们常聚成松散的群四处游动，食用海底的海藻幼体等。该科只有少数物种会出现在珊瑚礁附近，比较罕见。

粒唇鲻
Crenimugil crenilabis
胸鳍基部有一个黑色斑点。
体长　55 cm
生活习性　栖息于潟湖、河口湾和港口，栖息深度为 0.5~15 m。常聚成小群沿岸迁徙，出没于礁坡附近。
分布　从红海、非洲东岸至日本西南部、莱恩群岛、澳大利亚东南部和法属波利尼西亚

单鳍鱼科

Pempheridae

单鳍鱼科鱼通常夜晚很活跃，去开放水域捕食浮游动物，白天则待在庇护所（尤其是洞穴或缝隙中，悬垂物下，大型珊瑚或沉船残骸附近）。其中，单鳍鱼属鱼通体呈浅棕色，身体侧扁，背部高耸，腹部呈斧状；副单鳍鱼属鱼则身体修长。

红海副单鳍鱼

Parapriacanthus ransonneti

头部呈浅黄绿色，体表发光并呈浅灰棕色。

体长 10 cm

生活习性 栖息于潟湖、海湾和外礁遮蔽区，栖息深度为 0.5~40 m。胆子比较大，白天会形成固定的群，紧密聚集在洞穴、缝隙中或悬垂物下。夜晚单独在礁石上方捕食浮游动物。

分布 从红海至南非、阿曼湾、日本西南部、马绍尔群岛、新喀里多尼亚和斐济

黑稍单鳍鱼

Pempheris oualensis

背鳍前缘和尖端呈黑色，胸鳍上有一块黑斑。

体长 22 cm

生活习性 栖息于水质清澈的潟湖和外礁区，栖息深度为 2~35 m。白天成群聚集在悬垂物下或洞穴中以寻求庇护，夜晚则单独捕食浮游生物和小型底栖动物。

分布 从红海至日本西南部、密克罗尼西亚和法属波利尼西亚

银腹单鳍鱼

Pempheris schwenkii

背鳍前缘颜色较深，体表呈银色或铜色。这样的体色常让人们将它们与其他体色相近且与之共栖的鱼相混淆。

体长 15 cm

生活习性 栖息于岩礁区、珊瑚礁区、潟湖和外礁区，栖息深度为 1~40 m。白天常成群聚集在遮蔽区。

分布 从红海、非洲东岸至印度尼西亚、斐济和澳大利亚大堡礁

黑缘单鳍鱼

Pempheris vanicolensis

背鳍尖颜色较深，尾鳍和臀鳍边缘呈黑色。

体长 20 cm

生活习性 栖息于潟湖、海湾和外礁遮蔽区，栖息深度为 2~40 m。白天多成群聚集在悬垂物下或洞穴中，夜晚则分头捕食浮游生物和小鱼。

分布 从红海、阿曼湾至莫桑比克、菲律宾和萨摩亚群岛

羊鱼科
Mullidae

下颌处的两根长长的触须是羊鱼科鱼的典型特征。它们在活动时会将这两根触须收至下颌下方的喉部凹陷处藏起来。触须是它们的感觉器官，上面布满味蕾，因此可用于从沙土中搜寻甲壳动物、软体动物、蛇尾等猎物，还经常用于从很深的地方挖出猎物。笛鲷科鱼和隆头鱼科鱼等常与羊鱼科鱼同游，希望借机捕获受到惊吓的猎物。羊鱼科鱼昼夜活跃，有时会单独活动，但通常聚成小群四处游动。

圆口副绯鲤
Parupeneus cyclostomus

体表呈蓝紫色、浅绿色或蓝灰色，尾部有黄色鞍状斑。此外，通体黄色的个体也不少。

体长　50 cm

生活习性　栖息于潟湖和外礁区，栖息深度为 2~95 m。偏爱单独或聚成小群在珊瑚和沙砾地附近四处游动。主要以小鱼为食，并能借助于触须将小鱼从藏身之地驱赶出来。

分布　从红海、非洲东岸至日本西南部和皮特凯恩群岛

福氏副绯鲤

Parupeneus forsskali

体表有一条黑色条纹，尾部有一个黑色斑点。

体长　28 cm

生活习性　栖息于潟湖和外礁遮蔽区，栖息深度为1~30 m。常见种，胆子比较大。白天常在沙砾地上寻觅小型无脊椎动物，身边常伴有其他种类的鱼。

分布　红海和亚丁湾

多带副绯鲤

Parupeneus multifasciatus

体色多变，有浅灰棕色、深紫红色等。眼部有一条深色短条纹，后半身有两块深色斑。

体长　30 cm

生活习性　栖息于潟湖和外礁区，栖息深度为3~140 m。白天常单独或聚成松散的群在珊瑚或沙砾地附近捕食。

分布　从科科斯群岛、圣诞岛至日本南部、夏威夷群岛和皮特凯恩群岛

黑斑副绯鲤

Parupeneus pleurostigma

体表呈浅灰色、浅黄色或浅红色并泛有紫光，有一大块黑斑，黑斑后方有一块白斑。图中是该种夜晚的样子。尾柄上多有一排蓝色斑点。

体长　33 cm

生活习性　栖息于近岸沙砾地、岩石区和海藻丛，栖息深度为3~40 m。通常单独活动。

分布　从非洲东岸至日本西南部、夏威夷群岛和法属波利尼西亚

大丝副绯鲤

Parupeneus macronemus

第二背鳍基部有黑色条纹，经眼部至后半身有一条黑色条纹，尾柄上有一块黑斑。

体长　30 cm

生活习性　栖息于潟湖、海湾和外礁区，栖息深度为3~35 m。常见种，胆子大。通常单独或聚成小群在珊瑚附近的沙砾地上捕食底栖无脊椎动物。

分布　从红海、非洲东岸至菲律宾和新几内亚岛

无斑拟羊鱼

Mulloidichthys vanicolensis

背部和鳍均呈黄色，自眼部至尾部有一条黄色条纹。

体长　38 cm

生活习性　栖息于潟湖和外礁区，栖息深度为 1~50 m。常见种，胆子比较大。白天常聚成大群在礁坡和大型珊瑚附近游动，夜晚则分头捕食底栖无脊椎动物。

分布　从红海、非洲东岸至日本南部、夏威夷群岛和复活节岛

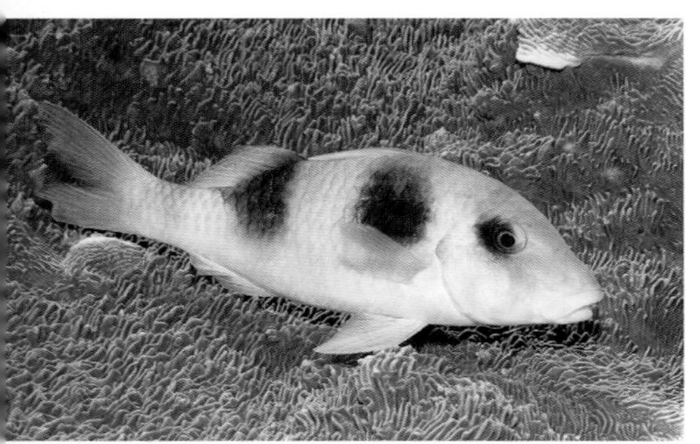

粗唇副绯鲤

Parupeneus crassilabris

体表有两块深色鞍状斑，眼周有一块深色小斑。还有体表呈紫色的个体，体表颜色对比不明显。

体长　35 cm

生活习性　栖息于潟湖和外礁区，栖息深度为 2~80 m。通常单独活动，胆子比较大。偏爱静静地待在珊瑚或海底岩石上方。以底栖无脊椎动物为食。

分布　从印度洋东部至日本南部、菲律宾、新喀里多尼亚和汤加

黑斑绯鲤

Upeneus tragula

体表有一条断断续续的浅红棕色条纹，尾鳍上有深色条纹。

体长　30 cm

生活习性　栖息于潟湖、海湾和外礁遮蔽区，栖息深度为 1~20 m。偏爱在泥沙地附近活动，常单独或聚成小群捕食底栖无脊椎动物。

分布　从红海、非洲东岸至日本南部、瓦努阿图和新喀里多尼亚

黑斑绯鲤的体色可以迅速由米白色变为亮红色。

三带蝴蝶鱼

Chaetodon trifasciatus

尾柄大多呈黄色，与本种极其相似的弓月蝴蝶鱼的尾柄则呈浅蓝色。

体长 15 cm

生活习性 栖息于珊瑚丰富的潟湖和外礁遮蔽区，栖息深度为2~20 m。通常成对在领地上游动，会攻击进入领地的入侵者。仅以珊瑚，尤其是鹿角杯形珊瑚为食。

分布 从非洲东岸至孟加拉湾和巴厘岛

蝴蝶鱼科

Chaetodontidae

目前已知的全世界的蝴蝶鱼科鱼约有 120 种，它们都是白天很活跃。身体侧扁，背部高耸，体形近似圆盘，这使得它们能灵活地穿梭于珊瑚枝杈间。夜晚，它们常躲藏在珊瑚枝杈间和礁石裂缝中。它们中的大多数成对活动，其中有些一直结伴而行，有些则偶尔散开分头活动。蝴蝶鱼科中的一些物种会形成大群，这或许是为了抵御捕食者，因为它们常在礁石前方的开放水域中捕食浮游动物。当然，大多数物种还是以底栖生物为食：有些只吃石珊瑚或软珊瑚，有些吃得则比较杂，也吃小型甲壳动物、蠕虫、鱼卵和丝状海藻。它们的社会行为主要体现在对领地的占有和同种族鱼类的防御上，防御时它们可能表现得非常激动，但做出的主要是一些仪式化的行为。蝴蝶鱼科的许多幼鱼和一些成鱼的后半身上有眼斑，它们真正的眼睛则藏在暗纹下，这能有效干扰捕食者。

弓月蝴蝶鱼

Chaetodon lunulatus

臀鳍呈橙色，尾鳍基部呈浅白色或浅蓝色，与尾柄呈黄色的三带蝴蝶鱼极其相似。

体长 15 cm

生活习性 栖息于珊瑚丰富的岩礁区和潟湖，栖息深度为 2~20 m。通常成对在领地上游动，仅以珊瑚为食。

分布 从澳大利亚西北部至日本南部、夏威夷群岛和法属波利尼西亚

项斑蝴蝶鱼

Chaetodon adiergastos

体表有深灰色斜条纹，眼周有椭圆形黑色“熊猫斑”，额部有一块小黑斑。

体长 16 cm

生活习性 偏爱栖息于珊瑚丰富的外礁区（栖息深度为 3~25 m），偶尔出没于水质略混浊、珊瑚较少的岸礁区。多成对活动，偶尔集群。

分布 从马来西亚、爪哇岛至菲律宾、日本西南部和澳大利亚西北部

斜纹蝴蝶鱼

Chaetodon vagabundus

身体后缘的黑色横条纹一直延伸至背鳍后侧。

体长 23 cm

生活习性 栖息于岸礁区和外礁区，栖息深度为 1~30 m，偶尔出没于水质混浊的水域。常成对捕食毛足纲动物，也吃海葵、珊瑚和海藻。

分布 从非洲东岸至日本西南部、密克罗尼西亚和法属波利尼西亚

横纹蝴蝶鱼

Chaetodon decussatus

身体后侧有一条比较宽的黑色横条纹。

体长 20 cm

生活习性 栖息于珊瑚丰富的礁区，栖息深度为 1~30 m，偶尔出没于水质混浊的水域。幼鱼通常单独活动，成鱼成对待在领地上。主要以珊瑚和海藻为食。

分布 从阿曼、马尔代夫、斯里兰卡至巴厘岛、帝汶岛和澳大利亚西北部

三纹蝴蝶鱼

Chaetodon trifascialis

体表有“く”形条纹，尾鳍呈黑色且边缘呈黄色。

体长 18 cm

生活习性 栖息于珊瑚丰富的礁区，栖息深度为 2~30 m。通常单独或成对活动，领地意识极强，会防御其他以珊瑚为食的蝴蝶科鱼（包括本种的其他个体）。常在鹿角珊瑚和桌形轴孔珊瑚附近游动，吃珊瑚虫及其分泌物。

分布 从红海、南非至日本南部、夏威夷群岛和法属波利尼西亚

丝蝴蝶鱼

Chaetodon auriga

后半身呈黄色，背鳍长有鳍条。红海中的个体背鳍上无黑斑。

体长 23 cm

生活习性 栖息于珊瑚礁区，栖息深度为 1~40 m。常在珊瑚、沙砾地或海藻丛附近活动。常见种，胆子比较大。偏爱单独、成对或聚成小群活动。以海葵、珊瑚、毛足纲动物和海藻为食。

分布 从红海、非洲东岸至日本南部、夏威夷群岛和法属波利尼西亚

黑背蝴蝶鱼

Chaetodon melannotus

背部和尾柄大体呈黑色，与尾点蝴蝶鱼相似，但后者尾柄上有一个黑色斑点。

体长　15 cm

生活习性　栖息于珊瑚丰富的岩礁区、潟湖、海湾和外礁区，栖息深度为 1~20 m。偏爱单独或成对在领地上游动。以石珊瑚和软珊瑚为食。

分布　从红海、非洲东岸至日本南部、密克罗尼西亚以及萨摩亚群岛

尾点蝴蝶鱼

Chaetodon ocellicaudus

尾柄上有一个明显的黑色斑点。与黑背蝴蝶鱼相似，但后者尾柄上的黑斑与背部的黑色区域相连。

体长　14 cm

生活习性　栖息于珊瑚丰富的潟湖（栖息深度为 3~50 m），常出没于外礁坡和礁道。多成对四处游动，吃石珊瑚和软珊瑚。

分布　从马来西亚至菲律宾、帕劳、新几内亚岛和澳大利亚大堡礁

绿侧蝴蝶鱼

Chaetodon guttatissimus

体表呈淡奶油色且有许多深色斑点，背鳍边缘呈黄色。

体长　12 cm

生活习性　栖息于潟湖和外礁区，栖息深度为 3~30 m。通常单独或成对活动，主要以珊瑚、毛足纲动物和海藻为食。

分布　从非洲东岸至马尔代夫、圣诞岛、巴厘岛和安达曼海

密点蝴蝶鱼

Chaetodon citrinellus

臀鳍边缘呈黑色。

体长　13 cm

生活习性　栖息于岸礁区和外礁区，栖息深度为 1~30 m。偏爱在浅水域和长有零星珊瑚的开放水域活动。大多数成对活动，以珊瑚、小型无脊椎动物和海藻为食。

分布　从非洲东岸至日本南部、夏威夷群岛、马克萨斯群岛和法属波利尼西亚

贡氏蝴蝶鱼

Chaetodon guentheri

体表有成排的深色斑点，身体后侧的黄色区域一直延伸至背部。

体长　14 cm

生活习性　栖息于珊瑚丰富的外礁区和岩礁区，栖息深度为 3~40 m。

分布　从巴厘岛至日本南部、新几内亚岛和澳大利亚大堡礁

斑带蝴蝶鱼

Chaetodon punctatofasciatus

头部上方有一块眼斑，体表有许多深色斑点。

体长　12 cm

生活习性　栖息于水质清澈、珊瑚丰富的潟湖和外礁区，栖息深度为 1~40 m。大多成对活动，以丝状海藻、珊瑚和底栖无脊椎动物为食。

分布　从圣诞岛、罗利沙洲至日本西南部、莱恩群岛和澳大利亚大堡礁

领蝴蝶鱼

Chaetodon collare

通体呈偏深灰的橄榄色，颈部有一条白色横条纹。成鱼尾鳍基部呈红色。

体长 16 cm

生活习性 栖息于珊瑚丰富的岸礁区和外礁区，栖息深度为 2~20 m。通常成对或聚成小群活动，胆子比较大，以珊瑚和毛足纲动物为食，偶尔吃海藻。

分布 从亚丁湾、阿曼湾、马尔代夫至印度尼西亚东部和菲律宾

左图 领蝴蝶鱼白天常集群漂游于珊瑚顶端。

麦氏蝴蝶鱼

Chaetodon meyeri

通体呈浅黄蓝色，体表有弯曲的黑色条纹。

体长 18 cm

生活习性 栖息于珊瑚丰富的潟湖和外礁区，栖息深度为 2~25 m。成鱼常成对在领地上游动，幼鱼大多单独在鹿角珊瑚附近活动。仅以珊瑚为食。

分布 从非洲东岸、马尔代夫、孟加拉湾至菲律宾、日本西南部、莱恩群岛和澳大利亚大堡礁

华丽蝴蝶鱼

Chaetodon ornatissimus

体表大多有 6 条橙色斜条纹，尾鳍上有黑色条纹。

体长 20 cm

生活习性 常栖息于外礁坡，偶尔也出现在潟湖中，栖息深度为 1~40 m。幼鱼大多单独在枝状珊瑚的枝杈间活动，成鱼成对在领地上游动。以珊瑚虫及其分泌物为食。

分布 从马尔代夫至日本西南部、夏威夷群岛和法属波利尼西亚

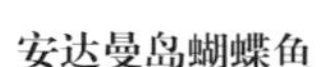

安达曼岛蝴蝶鱼

Chaetodon andamanensis

通体呈黄色，体表的一条黑色条纹横穿眼部，尾柄上有一块黑斑。

体长 15 cm

生活习性 栖息于岸礁区和外礁区，栖息深度为 8~40 m。本种曾作为不具蓝斑的四棘蝴蝶鱼的变种被引入安达曼海，但它其实是一个独立的物种。

分布 从马尔代夫、斯里兰卡、安达曼海至苏门答腊岛

黄头蝴蝶鱼

Chaetodon xanthocephalus

吻部、喉部、背鳍和臀鳍均呈橙黄色。

体长 20 cm

生活习性 常栖息于珊瑚丰富的浅礁区和长有海藻的岩石地带，栖息深度为 2~25 m。通常单独或成对在礁石间穿游。

分布 从非洲东岸至毛里求斯、查戈斯群岛、马尔代夫以及斯里兰卡

细点蝴蝶鱼

Chaetodon semeion

额部呈蓝色，背鳍长有鳍条。

体长　24 cm

生活习性　常栖息于珊瑚丰富的潟湖和外礁区，栖息深度为 2~50 m。不常见。通常成对在礁石间穿游，偶尔聚成小群活动。以底栖无脊椎动物为食。

分布　从马尔代夫至日本西南部、密克罗尼西亚和法属波利尼西亚

双丝蝴蝶鱼

Chaetodon bennetti

体表有一块蓝缘黑斑和两条蓝色斜条纹。

体长　18 cm

生活习性　常栖息于珊瑚丰富的潟湖和外礁区，栖息深度为 3~30 m。通常单独或成对活动。以珊瑚和底栖无脊椎动物为食。幼鱼通常躲藏在鹿角珊瑚枝杈间。

分布　从非洲东岸、马尔代夫至日本南部、新几内亚岛和皮特凯恩群岛

乌利蝴蝶鱼

Chaetodon ulietensis

身体后侧呈黄色，尾柄上有一块黑斑，体表有两块深色鞍状斑。

体长　15 cm

生活习性　栖息于珊瑚丰富的潟湖和外礁区，栖息深度为 2~30 m。通常单独、成对或聚成小群活动。以多种小型生物为食。

分布　从科科斯群岛、马来西亚至日本南部、密克罗尼西亚和法属波利尼西亚

细纹蝴蝶鱼

Chaetodon lineolatus

自背中部至臀鳍基部有一条黑色拱形条纹。

体长 30 cm

生活习性 栖息于珊瑚丰富的潟湖和外礁区，栖息深度为 2~170 m。蝴蝶鱼科中体形最大的鱼。通常单独或成对活动，领地范围大。以珊瑚、海葵、小型无脊椎动物和海藻为食。

分布 从红海、非洲东岸至日本南部、密克罗尼西亚和法属波利尼西亚

单斑蝴蝶鱼

Chaetodon unimaculatus

体表呈白色，背部呈黄色且有一块眼斑，尾鳍从浅白色过渡至透明状。

体长 20 cm

生活习性 栖息于珊瑚丰富的潟湖和外礁区，栖息深度为 5~60 m。通常单独或聚成松散的小群活动。以石珊瑚、软珊瑚、毛足纲动物、小型甲壳动物和丝状海藻为食。

分布 从印度尼西亚、菲律宾至日本西南部、夏威夷群岛和法属波利尼西亚

贾氏蝴蝶鱼

Chaetodon interruptus

通体呈黄色，体表有一块眼斑，尾鳍从浅白色过渡至透明状。

体长 20cm

生活习性 栖息于珊瑚丰富的潟湖和外礁区，栖息深度为 10~40 m。通常单独、成对或集群活动。以石珊瑚、软珊瑚、毛足纲动物、小型甲壳动物和丝状海藻为食。

分布 从非洲东岸至安达曼海和苏门答腊岛

镜斑蝴蝶鱼

Chaetodon speculum

通体（包括尾鳍）呈黄色，头部的一条黑色条纹横穿眼部，背部中间有一块大黑斑。尾鳍末端略透明。

体长　18 cm

生活习性　栖息于水质清澈、珊瑚丰富的潟湖和外礁区，栖息深度为 3~30 m。罕见，大多单独在礁石间游动。以珊瑚和底栖无脊椎动物为食。

分布　从马来西亚、圣诞岛至日本西南部、新几内亚岛和汤加

纹带蝴蝶鱼

Chaetodon falcula

体表有两块斧状大黑斑，尾柄呈黑色。

体长　20 cm

生活习性　栖息于珊瑚丰富的潟湖和外礁区，栖息深度为 1~15 m。偏爱在礁石边缘和礁坡上方活动。大多成对游动，偶尔集群。不太胆小，主要捕食小型无脊椎动物。

分布　从非洲东岸至毛里求斯、查戈斯群岛、马尔代夫、斯里兰卡和安达曼海

四棘蝴蝶鱼

Chaetodon plebeius

体表有一块大蓝斑，尾柄上有一块深色斑。

体长　15 cm

生活习性　栖息于潟湖、岸礁区和外礁区，栖息深度为 2~15 m。主要以鹿角珊瑚为食，偶尔捕食其他鱼身上的寄生虫。大多成对游动，幼鱼常在珊瑚枝杈间活动。

分布　从安达曼海至日本西南部、帕劳、新几内亚岛、斐济和汤加

珠蝴蝶鱼

Chaetodon kleinii

双唇呈黑色。尾鳍呈黄色，末端略透明。

体长　14 cm

生活习性　栖息于岩礁区和珊瑚礁区，栖息深度为 3~60 m。通常单独、成对或聚成松散的群（成员数不超过 20）活动。以软珊瑚（尤其是肉芝软珊瑚和手指软珊瑚）、海藻、浮游动物和小型底栖无脊椎动物为食。

分布　从非洲东岸、马尔代夫至日本西南部、夏威夷群岛和萨摩亚群岛

三角蝴蝶鱼

Chaetodon triangulum

尾鳍上有一块黑色三角区域，本种与尾部呈灰黄色的曲纹蝴蝶鱼相似。

体长　15 cm

生活习性　栖息于潟湖和外礁区，栖息深度为 3~25 m。具领地意识，大多在鹿角珊瑚附近活动，主要以鹿角珊瑚为食。幼鱼通常单独活动，成鱼则成对活动，胆子比较大。

分布　从马达加斯加至马尔代夫、孟加拉湾、安达曼海和爪哇岛

新月蝴蝶鱼

Chaetodon lunula

眼周呈黑色，额部有一条白色横条纹，尾柄上有一块黑斑。

体长　20 cm

生活习性　栖息于潟湖和外礁区，栖息深度为 1~30 m。常出没于经海浪冲刷的礁坡附近。大多成对活动，白天也会聚成大群静静地待着。以珊瑚、海藻和小型无脊椎动物为食，也会咬食管虫的触角。

分布　从非洲东岸至日本西南部、夏威夷群岛、加拉帕戈斯群岛和迪西岛

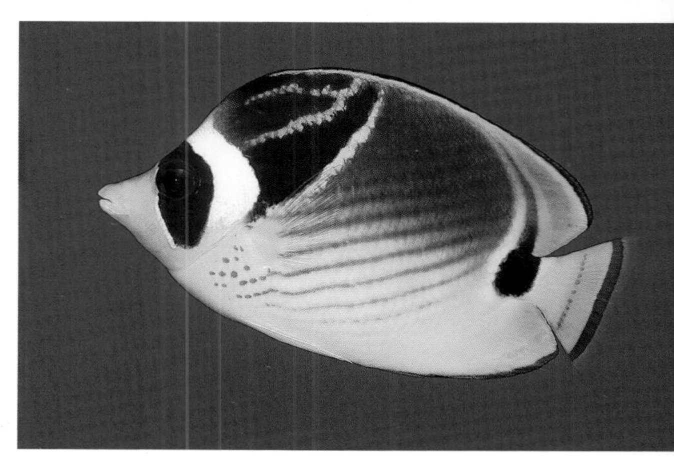

格纹蝴蝶鱼

Chaetodon rafflesii

体表呈黄色且有由灰线构成的网格图案，额部呈蓝色。

体长　15 cm

生活习性　主要栖息于珊瑚丰富的潟湖和礁石遮蔽区，栖息深度为 2~15 m。不太常见。偶尔单独活动，大多数时候成对在礁石间游动，以毛足纲动物、海葵、石珊瑚和软珊瑚为食。

分布　从斯里兰卡至日本南部、新几内亚岛和法属波利尼西亚

鞭蝴蝶鱼

Chaetodon ephippium

后半身上侧有一块白缘大黑斑。

体长　23 cm

生活习性　栖息于珊瑚丰富的潟湖和外礁区，栖息深度不超过 30 m。通常单独、成对或聚成小群在礁石间活动，以小型无脊椎动物、海绵、珊瑚、鱼卵和丝状海藻为食。

分布　从斯里兰卡、科科斯群岛至日本西南部、夏威夷群岛和法属波利尼西亚

马达加斯加蝴蝶鱼

Chaetodon madagaskariensis

体表有数条折线状条纹，额部有一块白缘黑斑。

体长　14 cm

生活习性　栖息于珊瑚丰富的外礁区和潟湖，栖息深度为 3~35 m。常成对活动，以底栖无脊椎动物和海藻为食。

分布　从非洲东岸、马达加斯加、马斯克林群岛至查戈斯群岛、塞舌尔、马尔代夫、斯里兰卡、安达曼海和圣诞岛

八带蝴蝶鱼

Chaetodon octofasciatus

体表有数条黑色横条纹。本种也有体表底色为浅白色的个体。

体长 12 cm

生活习性 栖息于珊瑚丰富的潟湖和外礁遮蔽区，栖息深度为 3~20 m。偶尔出没于混浊水域。幼鱼成群聚集在鹿角珊瑚枝杈间，成鱼则成对活动。以珊瑚为食。

分布 从马尔代夫、安达曼海至日本西南部、帕劳和所罗门群岛

多鳞霞蝶鱼

Hemitaurichthys polylepis

体表有一块金字塔形的白色区域和两块黄色鞍状斑。

体长 18 cm

生活习性 栖息于经海浪冲刷的外礁坡，栖息深度为 3~50 m。常聚成大群在礁石前方若干米的地方捕食浮游动物。

分布 从科科斯群岛、圣诞岛至日本西南部、夏威夷群岛和皮特凯恩群岛

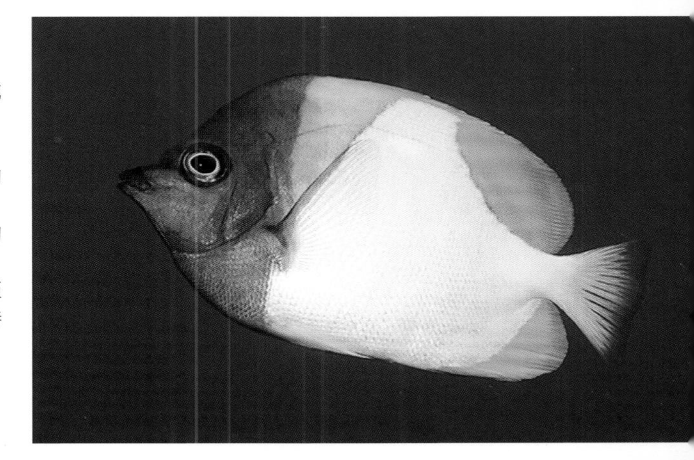

霞蝶鱼

Hemitaurichthys zoster

体表中部有一条白色宽条纹，且该条纹前后的区域呈棕色或者浅黑色。

体长 16 cm

生活习性 栖息于经海浪冲刷的外礁坡和礁道，栖息深度为 1~40 m。胆子比较大。常聚成大群在退潮后的礁石附近和峭壁前方捕食浮游动物。

分布 从非洲东岸至毛里求斯、马尔代夫、安达曼海和苏门答腊岛西部

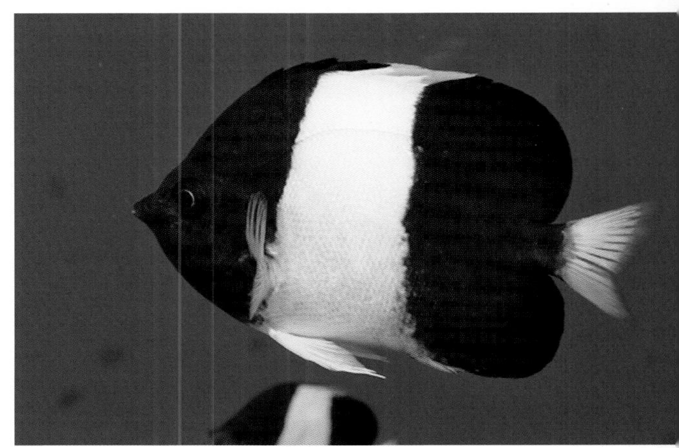

黄镊口鱼

Forcipiger flavissimus

吻很长，胸部呈白色且无黑色斑点。

体长 22 cm

生活习性 栖息于外礁区，栖息深度为 2~114 m。常见种，是蝴蝶鱼科中分布最广的鱼。通常单独、成对或聚成小群活动，以小型甲壳动物为食，也会咬食海星腕、海胆管足和毛足纲动物的刚毛。

分布 从红海、非洲东岸至日本西南部、中美洲和复活节岛

长吻镊口鱼

Forcipiger longirostris

吻极长，呈管状，胸部呈白色且有黑色斑点。

体长 22 cm

生活习性 栖息于珊瑚丰富的外礁区，偏爱陡坡，栖息深度为 5~60 m。不常见，常单独或成对在礁石间穿游。以小型无脊椎动物为食，特别喜欢用管状吻吸食小型甲壳动物。

分布 从非洲东岸至日本西南部、夏威夷群岛和法属波利尼西亚

眼点副蝴蝶鱼

Parachaetodon ocellatus

体表有 5 条深色或橙棕色横条纹，倒数第二条横条纹上有一块黑斑。

体长 18 cm

生活习性 栖息于岸礁遮蔽区或沙化区，栖息深度为 5~50 m。通常单独或成对游动，成鱼偶尔也集群活动。

分布 从印度、斯里兰卡至日本西南部、菲律宾、斐济和澳大利亚东部

双点少女鱼

Coradion melanopus

背鳍和臀鳍后侧各有一块眼斑。

体长 15 cm

生活习性 栖息于岸礁区和外礁区，偏爱礁坡，栖息深度为 10~30 m。常成对在海绵附近游动、觅食。

分布 从巴厘岛、加里曼丹岛至菲律宾以及新几内亚岛

少女鱼

Coradion chrysozonus

体表有 3 条铜棕色宽条纹，背鳍后侧有一块眼斑，尾柄上有一块黑斑。

体长　15 cm

生活习性　栖息于长有珊瑚的岸礁区、岩石区与沙砾地，栖息深度为 3~60 m。以海绵为食。

分布　从安达曼海至日本西南部、菲律宾、所罗门群岛和澳大利亚大堡礁

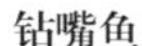

钻嘴鱼

Chelmon rostratus

吻极长，呈管状，背鳍后侧有一块眼斑。

体长　20 cm

生活习性　栖息于岸礁区、内礁区和混浊水域的泥沙地，栖息深度为 1~25 m。具领地意识，常单独或成对活动，通过管状吻吸食哪怕是极小的缝隙中的小型无脊椎动物。

分布　从安达曼海至日本西南部、菲律宾、巴布亚新几内亚和澳大利亚大堡礁

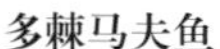

多棘马夫鱼

Heniochus diphreutes

胸部向前拱起，与马夫鱼（第 154 页，胸部未向前拱起，吻更长）相似。

体长　20 cm

生活习性　栖息于外礁坡的开放水域，栖息深度为 5~200 m。偏爱在陡坡和水流湍急的礁道中活动。常在礁石上方或前方捕食浮游动物。幼鱼栖息于礁石附近，能提供清洁服务。

分布　从红海、非洲东岸至日本南部、夏威夷群岛、澳大利亚和瓦努阿图

右图　多棘马夫鱼常聚成大群（成员数甚至多达数千）在礁石附近的开放水域游动。

四带马夫鱼

Heniochus singularius

额上方有一只“角”，吻周围有一条白色环纹，臀鳍颜色较深。

体长 25 cm

生活习性 栖息于潟湖和外礁区，栖息深度为 2~50 m，也出没于沉船残骸附近。生性胆小，不常见。幼鱼单独活动，成鱼成对在水深超过 15 m 的海域活动。以珊瑚、底栖无脊椎动物和海藻为食。

分布 从马尔代夫、澳大利亚西北部至日本南部、密克罗尼西亚和萨摩亚群岛

马夫鱼

Heniochus acuminatus

胸部未向前拱起，与多棘马夫鱼相似（胸部向前拱起，吻更短）。

体长 25 cm

生活习性 栖息于潟湖和外礁坡，栖息深度为 2~75 m。幼鱼通常单独在礁石附近活动，成鱼则常成对在礁石附近活动，偶尔也聚成小群。以浮游动物和底栖无脊椎动物为食，幼鱼偶尔提供清洁服务。

分布 从波斯湾、非洲东岸至菲律宾和法属波利尼西亚

印度洋马夫鱼

Heniochus pleurotaenia

额部隆起，双眼上方各有一只“角”，与白带马夫鱼相似。

体长 17 cm

生活习性 栖息于珊瑚丰富的潟湖，栖息深度为 1~25 m。通常成对（印度尼西亚附近海域的个体）或集群（马尔代夫附近海域的个体）游动。

分布 从马尔代夫、斯里兰卡至孟加拉湾、安达曼海和爪哇岛

单角马夫鱼

Heniochus monoceros

体表有一始于延长背鳍的黑色横条纹。

体长 23 cm

生活习性 栖息于珊瑚丰富的潟湖、外礁区和荒芜的礁石地带，栖息深度为 2~25 m。常成对或聚成小群游动，以毛足纲动物等底栖无脊椎动物为食。

分布 从非洲东岸至日本西南部和法属波利尼西亚

斑纹刺盖鱼

Pomacanthus maculosus

尾部呈蓝白色，体表有一块未延伸至背鳍的黄斑。

体长 50 cm

生活习性 栖息于珊瑚丰富的外礁区和混浊的海湾，栖息深度为2~60 m。大多单独活动，偶尔成对出游，胆子比较大。以海绵、软珊瑚和海藻为食。

分布 从红海、波斯湾、阿曼湾至塞舌尔

刺盖鱼科

Pomacanthidae

刺盖鱼科的所有鱼鳃盖前部均有一根硬棘，这是它们与蝴蝶鱼科鱼最大的区别。刺盖鱼科鱼雌雄同体，先雌后雄。每条雄鱼都有自己的“后宫”——“后宫”中通常有2~8 条雌鱼，具体视物种而定。它们具有领地意识，其中刺尻鱼属的雄鱼领地只有几平方米，而刺盖鱼属的雄鱼领地则有几千平方米。刺盖鱼属的幼鱼体色与成鱼的体色完全不同： 印度洋 – 太平洋海域的刺盖鱼属幼鱼体表均呈深蓝色且有白色条纹。大多数刺盖鱼科鱼以海藻，鱼卵，以及海绵、海鞘、软珊瑚等无脊椎动物为食。月蝶鱼属鱼多以浮游动物为食，刺尻鱼属鱼则多以丝状海藻和小型无脊椎动物为食。

主刺盖鱼

Pomacanthus imperator

体表黄蓝条纹相间。

体长 40 cm

生活习性 栖息于珊瑚丰富的潟湖和外礁区，栖息深度为 3~70 m。雄鱼领地范围大，且有“后宫”。通常单独或成对活动，以海绵、海鞘和刺胞动物为食。

分布 从红海、非洲东岸至日本西南部、密克罗尼西亚、夏威夷群岛和法属波利尼西亚

左图 与印度洋 – 太平洋海域的所有刺盖鱼一样，本种幼鱼的体色与成鱼的体色完全不同，幼鱼体表的条纹蓝白相间，形成了标志性的网状图案。

半环刺盖鱼

Pomacanthus semicirculatus

鳃盖棘上方有两条蓝色条纹。

体长 35~40 cm

生活习性 成鱼栖息于珊瑚丰富、有遮蔽区的礁区，栖息深度为 3~40 m。通常单独活动，以海绵和海鞘为食。

分布 从非洲东岸至日本西南部、帕劳、澳大利亚大堡礁和斐济

环纹刺盖鱼

Pomacanthus annularis

鳃盖附近有一条蓝色环纹，体表有数条拱形蓝条纹。

体长　45 cm

生活习性　栖息于长有适量珊瑚的岸礁区和岩石地带（偏爱混浊水域），栖息深度为 5~45 m。成鱼通常成对活动，偶尔单独活动。常待在洞穴或沉船残骸附近，以海绵和海鞘为食。

分布　从非洲东岸至日本西南部、菲律宾和所罗门群岛

马鞍刺盖鱼

Pomacanthus navarchus

胸鳍呈蓝色，尾鳍呈黄色。从尾部经臀鳍、腹部至额部有一块 U 字形的深蓝色区域。

体长　25 cm

生活习性　栖息于水质清澈的潟湖和外礁区，栖息深度为 3~40 m。通常单独在便于藏身的地方活动，比较胆小。以海绵和海鞘为食。

分布　从印度尼西亚至菲律宾、帕劳、雅浦岛、所罗门群岛和澳大利亚大堡礁

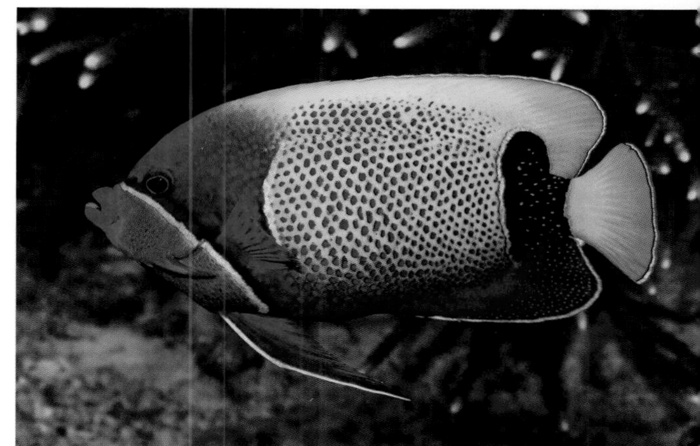

黄颅刺盖鱼

Pomacanthus xanthometopon

头部呈蓝色，眼虹膜及眼周呈黄色，背鳍后侧有一个深色斑点。

体长　38 cm

生活习性　栖息于珊瑚丰富的潟湖和外礁坡，栖息深度为 5~35 m。通常单独活动，偶尔成对活动。以海绵和海鞘为食。

分布　从马尔代夫、印度尼西亚至日本西南部、密克罗尼西亚西部、澳大利亚大堡礁和瓦努阿图

六带刺盖鱼

Pomacanthus sexstriatus

头部颜色较深，眼后有一条白色横条纹，体表有深色横条纹。

体长　46 cm

生活习性　栖息于潟湖和外礁坡，栖息深度为 1~60 m，在珊瑚丰富的清澈水域和珊瑚、沙砾地混合区的混浊水域均可见。通常成对活动，也单独活动，领地范围较大。

分布　从马来西亚、印度尼西亚至日本西南部、帕劳、雅浦岛、所罗门群岛和澳大利亚大堡礁

双棘甲尻鱼

Pygoplites diacanthus

体表底色为黄色，上面有带深色边缘的浅蓝色横条纹。

体长　25 cm

生活习性　栖息于珊瑚丰富的潟湖和外礁区，栖息深度为 1~80 m。通常单独或成对活动，比较常见，但生性胆小，会在潜水员接近时迅速逃进缝隙和洞穴中。主要以海绵和海鞘为食。

分布　从红海、非洲东岸至日本西南部、密克罗尼西亚和法属波利尼西亚

三点阿波鱼

Apolemichthys trimaculatus

体表呈亮黄色，双唇呈蓝色，额部有两块黑斑，鳃盖附近有一块灰斑，臀鳍边缘呈黑色。

体长　25cm

生活习性　栖息于外礁坡和水质清澈的潟湖，栖息深度为 3~50 m。通常单独或成对活动，偶尔也聚成小群，生性相对胆小。主要以海绵和海鞘为食。

分布　从非洲东岸、马尔代夫至日本西南部和萨摩亚群岛

黄褐阿波鱼

Apolemichthys xanthurus

尾鳍呈黄色，鳃盖上方有一块小黄斑，背鳍边缘呈白色。

体长　15 cm

生活习性　栖息于珊瑚丰富的区域和岩石地，栖息深度为 5~25 m。通常单独或成对活动，生性胆小。

分布　从留尼汪岛、毛里求斯（包括罗德里格斯岛）至马尔代夫、斯里兰卡、印度和安达曼海

二色刺尻鱼

Centropyge bicolor

前半身及头部呈黄色，一块蓝色鞍状斑穿过眼部。后半身呈蓝色，尾部呈黄色。

体长　15 cm

生活习性　栖息于潟湖、外礁区、岩石地和沙砾地，栖息深度为 5~25 m。通常单独、成对或聚成小群活动。

分布　从马来西亚至日本西南部、菲尼克斯群岛和萨摩亚群岛

双棘刺尻鱼

Centropyge bispinosa

体表有一块橙色区域，橙色区域上有蓝色横条纹，且该区域大小不一。

体长　10 cm

生活习性　栖息于珊瑚丰富的潟湖和外礁坡，栖息深度为 5~50 m，偶尔也出没于一些海域的海草、珊瑚、岩石混合区。在很多海域比较常见，但其生性胆小且多在庇护所附近活动。

分布　从非洲东岸至日本西南部、密克罗尼西亚和法属波利尼西亚

虎纹刺尻鱼

Centropyge eibli

体表有较窄的橙色横条纹，尾部呈黑色且后缘呈蓝色，眼周呈橙色。

体长　11 cm

生活习性　栖息于珊瑚丰富的潟湖和外礁遮蔽区，栖息深度为 3~25 m。与暗体刺尾鱼相似，可与福氏刺尻鱼杂交。通常单独活动，偶尔聚成小群活动。大多在洞穴、悬垂物等附近活动，生性胆小。

分布　从斯里兰卡、安达曼海、印度尼西亚至澳大利亚西北部

多带副锯刺盖鱼

Paracentropyge multifasciata

体表黑白横条纹相间，横条纹延伸至腹部或臀鳍后颜色变成黄色。

体长　11cm

生活习性　栖息于外礁陡坡，栖息深度为 10~70 m。通常单独活动，偶尔聚成小群活动。大多在洞穴、悬垂物等附近活动，生性胆小。

分布　从科科斯群岛至日本西南部、菲律宾、巴布亚新几内亚、澳大利亚大堡礁和法属波利尼西亚

多棘刺尻鱼

Centropyge multispinis

通体呈深棕色且有很窄的深色横条纹，臀鳍和腹鳍边缘呈亮蓝色。

体长　10~14 cm

生活习性　栖息于潟湖和外礁遮蔽区，栖息深度为 1~30 m。偏爱在珊瑚附近和沙砾地上方活动。领地范围小，通常在自己的领地上吃丝状海藻。生性胆小，受到威胁会快速躲起来。

分布　从红海、阿曼南部、非洲东岸至毛里求斯、马尔代夫和安达曼海

白斑刺尻鱼

Centropyge tibicen

体表呈深蓝色（幼鱼几乎全身都是黑色的），有一块大白斑，臀鳍边缘呈黄色。

体长　18 cm

生活习性　栖息于外礁区和潟湖，栖息深度为 3~35 m。偏爱单独或者聚成小群在珊瑚和沙砾地附近活动。

分布　从马来西亚、圣诞岛至日本西南部、帕劳、雅浦岛、巴布亚新几内亚和新喀里多尼亚

福氏刺尻鱼

Centropyge vrolikii

体表呈浅灰色，自后半身至尾部体色渐变。尾鳍边缘呈蓝色，鳃盖边缘有一块橙棕色斑纹。

体长　10~12 cm

生活习性　栖息于珊瑚丰富、有遮蔽区的外礁区和潟湖，栖息深度为 3~25 m。通常单独或聚成松散的小群活动。

分布　从圣诞岛、巴厘岛至日本西南部、马绍尔群岛和瓦努阿图

秀美荷包鱼

Chaetodontoplus dimidiatus

下半身（除头部）呈黑色，其他特征与黑身荷包鱼的特征极其相似。

体长　22 cm

生活习性　栖息于岩礁区和珊瑚礁区，栖息深度为 3~35 m。

分布　从印度尼西亚、菲律宾至日本西南部

黑身荷包鱼

Chaetodontoplus melanosoma

成鱼尾鳍边缘、背鳍和臀鳍后缘呈黄色，幼鱼头部有一条白色条纹。

体长　18 cm

生活习性　栖息于岩礁区和珊瑚礁区，栖息深度为 3~30 m。以海绵和海鞘为食。

分布　从安达曼海、印度尼西亚、巴布亚新几内亚、菲律宾至日本西南部

中白荷包鱼

Chaetodontoplus mesoleucus

尾部呈黄色，一条黑色条纹穿过眼部，双唇呈蓝色。

体长　18 cm

生活习性　栖息于珊瑚丰富、有遮蔽区的礁区，栖息深度为 3~20 m。大多成对活动，以海绵、海鞘和丝状海藻为食。

分布　从马来西亚、印度尼西亚至日本西南部、澳大利亚北部、巴布亚新几内亚和所罗门群岛

纹尾月蝶鱼

Genicantus caudovittatus

雄鱼体表的图案似斑马纹。

体长 20 cm

生活习性 栖息于珊瑚丰富的外礁坡，栖息深度为15~17 m。每条雄鱼的领地大约占地 25 m^2，且每条雄鱼的领地上有 5~9 条雌鱼。以浮游动物为食。雄鱼在水中比雌鱼跃起得更高。

分布 从红海至马尔代夫和非洲东岸（向南至莫桑比克）

左图 雌鱼尾鳍上下方各有一条黑色条纹。

月蝶鱼

Genicanthus lamarck

雄鱼和雌鱼背鳍上均有一条黑色条纹，雄鱼额部有一块浅黄色斑纹。

体长 25 cm

生活习性 栖息于珊瑚丰富的外礁坡，栖息深度为10~15 m。雄鱼有一座小型“后宫”。通常在开放水域的中层水体捕食浮游动物。

分布 从马来西亚、印度尼西亚至日本西南部、澳大利亚大堡礁和瓦努阿图

左图 雌鱼背部的条纹逐渐弯曲并经尾鳍下缘一直延伸至尾鳍末端。

五带豆娘鱼
Abudefduf vaigiensis

体表有 5 条深色横条纹，背部常呈浅黄色。
体长 20 cm
生活习性 栖息于岩礁和珊瑚礁上方，栖息深度为 0.5~12 m。常聚成松散的群在近礁开放水域捕食浮游动物，也会吃海藻幼体。会护卵。
分布 从红海、非洲东岸至日本南部、密克罗尼西亚、澳大利亚大堡礁和法属波利尼西亚

雀鲷科
Pomacentridae

目前已知的全世界的雀鲷科鱼共有 320 多种（其中 3/4 的物种来自印度洋 – 太平洋海域），主要生活在热带海域。热带海域珊瑚礁区雀鲷科的物种数量和种群数量众多，因此它们在珊瑚礁生物群落中扮演着重要的角色。雀鲷科的一些物种（比如豆娘鱼属、光鳃雀鲷属和圆雀鲷属的物种）以浮游生物为食，一些（比如高身雀鲷属的所有物种和豆娘鱼属的部分物种）则以海藻为食，也有一些（比如雀鲷属的物种）是杂食动物。雀鲷科的大多数物种体形很小，体长不超过 10 cm。它们为了繁殖会在硬底质区选定一块地方并认真清理。雌鱼一次产卵上千颗，具体视物种而定。成鱼护卵，让卵一直被氧气充足的水滋养。

六带豆娘鱼

Abudefduf sexfasciatus

尾部有黑色条纹。

体长　19 cm

生活习性　栖息于潟湖和外礁坡上方，栖息深度为 0.5~15 m。常见种，胆子比较大。偶尔在礁石上方或前方聚成大群活动。主要捕食浮游动物，偶尔吃海藻幼体。

分布　从红海、非洲东岸至日本南部、密克罗尼西亚和澳大利亚大堡礁

金凹牙豆娘鱼

Amblyglyphidodon aureus

大多通体呈黄色。

体长　14 cm

生活习性　栖息于外礁陡坡，栖息深度为 3~35 m。以浮游动物为食。幼鱼常在变形角珊瑚或黑珊瑚附近聚成大群活动，鱼卵通常被产于柳珊瑚枝杈间。

分布　从安达曼海、科科斯群岛、澳大利亚西北部至日本西南部、马绍尔群岛和斐济

左图　体形较大者身体局部常呈浅蓝色。

库拉索凹牙豆娘鱼

Amblyglyphidodon curacao

体中部多呈浅黄色且有 3 条形状不一的绿色横条纹。

体长 11 cm

生活习性 栖息于珊瑚丰富的潟湖、海湾和外礁区，栖息深度为 1~20 m。大多聚成大群在开放水域捕食浮游动物，偶尔也吃丝状海藻。

分布 从马来西亚、新加坡至日本西南部、密克罗尼西亚、萨摩亚群岛、澳大利亚西北部和澳大利亚大堡礁

黄侧凹牙豆娘鱼

Amblyglyphidodon flavilatus

前半身呈灰色，后半身呈黄色。

体长 10 cm

生活习性 栖息于有遮蔽区、珊瑚丰富的潟湖和台礁区，栖息深度为 3~20 m。通常单独或聚成松散的小群活动，也常与白腹凹牙豆娘鱼一起在礁石上方捕食浮游动物。

分布 红海和亚丁湾

印度凹牙豆娘鱼

Amblyglyphidodon indicus

背部呈蓝绿色，腹部呈白色。

体长 13 cm

生活习性 栖息于珊瑚丰富、水质清澈的潟湖和外礁遮蔽区，栖息深度为 2~35 m。常见种，胆子比较大。通常单独或聚成小群在礁石上方吃浮游动物和水中漂浮的有机物。

分布 从红海至马达加斯加、查戈斯群岛和安达曼海

白腹凹牙豆娘鱼

Amblyglyphidodon leucogaster

腹鳍呈黄色。

体长 13 cm

生活习性 栖息于水质清澈的潟湖和外礁区，栖息深度为 3~45 m。通常单独或聚成松散的小群捕食浮游动物，生性不太胆小。

分布 从苏门答腊岛北部至日本西南部、瓦努阿图和澳大利亚大堡礁

短头钝雀鲷

Amblypomacentrus breviceps

眼部有深色条纹，背鳍颜色较深且与两块深色鞍状斑相连。

体长 8 cm

生活习性 栖息于潟湖和外礁区，栖息深度为 2~35 m。常在沙砾地和淤泥地附近聚成松散的小群活动。

分布 从印度尼西亚至菲律宾、所罗门群岛和澳大利亚大堡礁

双色光鳃鱼

Chromis dimidiata

体色极其特别，与其在太平洋的姐妹种半光鳃鱼（见于澳大利亚大堡礁和斐济）极其相似。

体长 7 cm

生活习性 栖息于潟湖和外礁区，栖息深度为 1~36 m。常聚成大群在礁区或裸露的礁石柱附近活动。常在开放水域捕食浮游动物，胆子比较大。

分布 从红海、非洲东岸至泰国、爪哇岛和圣诞岛

盖光鳃鱼

Chromis opercularis

鳃盖中间和边缘各有一块黑斑，边缘的那块黑斑一直延伸至胸鳍基部。

体长　16 cm

生活习性　栖息于外礁坡，栖息深度为 8~40 m。常聚成松散的群活动。本种在科科斯群岛至太平洋西部海域已经被黄尾光鳃鱼取代。

分布　从非洲东岸至安达曼海和爪哇岛

彭伯光鳃鱼

Chromis pembae

体表呈棕色，尾部呈白色或浅黄色，背鳍和臀鳍主要呈黑色。

体长　13 cm

生活习性　栖息于岩礁区和珊瑚礁区，栖息深度为 3~50 m。偏爱在礁石陡坡附近聚成小群活动，会去开放水域捕食浮游动物。生性不怎么胆小。

分布　从红海、阿曼、非洲东岸至塞舌尔和查戈斯群岛

蓝绿光鳃鱼

Chromis viridis

通体呈蓝绿色，带金属光泽。

体长　9 cm

生活习性　栖息于珊瑚丰富的岸礁区和海湾，栖息深度为 1~15 m。常成群在枝状珊瑚附近活动，感到不安时会迅速钻到珊瑚枝杈间。

分布　从红海、非洲东岸至日本西南部和法属波利尼西亚

黄尾光鳃鱼

Chromis xanthura

成鱼体表呈黑灰色，泛暗金属光泽，鳞片边缘颜色更深，尾部呈白色。

体长　15 cm

生活习性　栖息于外礁陡坡，栖息深度为 3~40 m。常聚成松散的群活动。

分布　从科科斯群岛至日本西南部、莱恩群岛和皮特凯恩群岛

左图　幼鱼通体呈银灰色或银蓝色，背鳍、臀鳍和尾鳍呈黄色，常在软珊瑚（包括柳珊瑚）前活动。

副金翅雀鲷

Chrysiptera parasema

体表呈亮蓝色，尾部呈黄色。

体长　6~7 cm

生活习性　栖息于有遮蔽区、珊瑚丰富的礁区，栖息深度为 1~15 m。感到不安时会躲到珊瑚枝杈间寻求庇护。

分布　从爪哇岛、加里曼丹岛至菲律宾

橙黄金翅雀鲷

Chrysiptera rex

头部呈浅蓝灰色，自头部往后向米白色、浅黄色渐变，鳃盖后方有一小块深色斑。

体长　7~8 cm

生活习性　栖息于外礁礁道，栖息深度为 1~6 m。无论是单独活动还是聚成小群活动，它们都不太显眼。主要以海藻为食。

分布　从巴厘岛、菲律宾至日本西南部、帕劳、新喀里多尼亚和瓦努阿图

罗氏金翅雀鲷

Chrysiptera rollandi

体色可变，前半身颜色较深，多为蓝黑色，后半身则呈浅白色或浅黄色。额部常有蓝色条纹。腹鳍较长，呈白色。

体长　5~6 cm

生活习性　栖息于潟湖和外礁区，栖息深度为 2~35 m。通常在珊瑚和沙砾地上方活动。

分布　从安达曼海至菲律宾、帕劳和新喀里多尼亚

塔氏金翅雀鲷

Chrysiptera talboti

头部呈黄色，背鳍的中部有一块黑斑。

体长　6 cm

生活习性　栖息于珊瑚丰富的潟湖和外礁区，栖息深度为 5~35 m。通常单独或者聚成小群捕食浮游动物。

分布　从安达曼海至菲律宾、帕劳、澳大利亚大堡礁和斐济

宅泥鱼

Dascyllus aruanus

体表有 3 条黑色条纹，且腹鳍呈黑色。

体长　8 cm

生活习性　栖息于潟湖、台礁和海湾遮蔽区，栖息深度为 0.5~20 m。通常聚成松散的群在轴孔珊瑚或杯形珊瑚等枝状珊瑚上方捕食浮游动物，一感到不安就迅速躲进珊瑚枝杈间。

分布　从红海、非洲东岸至日本西南部、密克罗尼西亚、莱恩群岛和法属波利尼西亚

灰边宅泥鱼

Dascyllus marginatus

背鳍边缘呈黑色。

体长　6 cm

生活习性　栖息于台礁和岸礁遮蔽区，栖息深度为 1~15 m。常聚成小群在轴孔珊瑚或杯形珊瑚等枝状珊瑚上方活动，一感到不安就迅速躲进珊瑚枝杈间。通常紧贴珊瑚捕食浮游动物。

分布　从红海至阿曼湾

网纹宅泥鱼

Dascyllus reticulatus

尾部多呈浅棕灰色。

体长　8 cm

生活习性　栖息于潟湖和外礁区，栖息深度为 1~50 m。大多集群在枝状珊瑚上方活动，它们与珊瑚关系密切，在感受到危险时会迅速躲进珊瑚枝杈间。

分布　从科科斯群岛至日本西南部、密克罗尼西亚、莱恩群岛、萨摩亚群岛和澳大利亚东部

三斑宅泥鱼

Dascyllus trimaculatus

能在数秒内将体色快速转变为浅灰色或黑棕色。

体长　14 cm

生活习性　栖息于岩礁区和珊瑚礁区，栖息深度为 1~30 m。大多聚成小群活动，幼鱼常在海葵附近活动以获得庇护。

分布　从红海、非洲东岸至日本南部、莱恩群岛和皮特凯恩群岛

黑背盘雀鲷

Dischistodus prosopotaenia

体表底色为浅棕色或金棕色，中部有一条白色宽条纹。胸鳍附近有一块黑斑，头部有一些蓝绿色窄条纹。

体长　18 cm

生活习性　栖息于潟湖、岸礁和台礁遮蔽区，栖息深度为 2~12 m。偏爱在珊瑚附近的泥沙地上方活动。雄鱼负责护卵。

分布　从安达曼海至日本西南部、菲律宾、澳大利亚大堡礁和瓦努阿图

克氏新箭齿雀鲷

Neoglyphidodon crossi

幼鱼（右图）通体呈橙色，额部有 V 字形的蓝斑，背部有蓝色条纹。成鱼通体呈深棕色，虹膜呈金色。

体长　13 cm

生活习性　栖息于岩礁、珊瑚礁、潟湖和海湾遮蔽区，栖息深度为 1~10 m。

分布　从巴厘岛、科莫多岛、弗洛勒斯岛至苏拉威西岛、马鲁古群岛和拉贾安帕群岛

黑褐新箭齿雀鲷

Neoglyphidodon nigroris

成鱼鳃盖上有一条深色条纹，眼下有一条浅棕色条纹，后半身（包括尾部）呈黄色。幼鱼通体呈黄色且有两条黑色条纹。

体长　11~13 cm

生活习性　栖息于珊瑚丰富的潟湖和外礁坡，栖息深度为 2~25 m。以浮游动物和海藻为食。

分布　从安达曼海至日本西南部、帕劳、瓦努阿图以及澳大利亚大堡礁

斑氏新雀鲷

Neopomacentrus bankieri

背鳍、臀鳍后缘和整个尾部均呈黄色，胸鳍基部上方有一个黑色斑点。

体长 7~8 cm

生活习性 栖息于岩礁区和珊瑚礁区，栖息深度为 3~13 m。偏爱在珊瑚和沙砾地上方活动。

分布 从爪哇海至中国南部、巴布亚新几内亚和澳大利亚大堡礁

蓝黑新雀鲷

Neopomacentrus cyanomos

通体呈深棕色，尾鳍、背鳍和臀鳍后缘呈黄色，背鳍基部有一个亮黄色或白色斑点。

体长 10 cm

生活习性 栖息于岸礁和海湾遮蔽区，栖息深度为 5~20 m。常聚成小群在距离珊瑚不远处活动，以浮游动物为食。

分布 从红海、阿曼、非洲东岸至日本西南部、所罗门群岛、瓦努阿图和澳大利亚大堡礁

狄氏椒雀鲷

Plectroglyphidodon dickii

尾部呈白色，前方有一条黑色横条纹。

体长 11 cm

生活习性 栖息于珊瑚丰富、水质清澈的潟湖和外礁区，栖息深度为 1~12 m。常紧贴着轴孔珊瑚属珊瑚（如小叶轴孔珊瑚）游动。具领地意识，以丝状海藻和小型无脊椎动物为食，在少数情况下也会捕食鱼。

分布 从非洲东岸至日本西南部、莱恩群岛和法属波利尼西亚

眼斑椒雀鲷

Plectroglyphidodon lacrymatus

体表呈绿棕色或棕色，有蓝色斑点，虹膜呈黄色。

体长　11 cm

生活习性　栖息于潟湖和外礁区，栖息深度为 1~40 m。领地意识极强，会将长有丝状海藻的硬底质区视为自己的领地并坚决捍卫，甚至不害怕潜水员。除海藻外，本种也会吃领地内的小型无脊椎动物和鱼卵。

分布　从红海、非洲东岸至日本西南部、马绍尔群岛和法属波利尼西亚

安汶雀鲷

Pomacentrus amboinensis

体色类型多变，大多是浅色底色上带波浪状的浅黄色或者蓝绿色横条纹。颊部和吻部有极浅的亮蓝色斑点。幼鱼背鳍后方有一块眼斑。

体长　10 cm

生活习性　栖息于珊瑚、沙地混合区的遮蔽区，栖息深度为 2~40 m。

分布　从安达曼海至日本西南部、密克罗尼西亚和斐济

金腹雀鲷

Pomacentrus auriventris

头部和上半身呈蓝色并泛有金属光泽，尾部、腹部和胸鳍呈黄色。

体长　7 cm

生活习性　栖息于潟湖和外礁区，栖息深度为 2~15 m。大多单独或聚成松散的小群紧贴沙砾地活动，也常与霓虹雀鲷同游。

分布　从圣诞岛、巴厘岛、加里曼丹岛至密克罗尼西亚和所罗门群岛

班卡雀鲷

Pomacentrus bankanensis

体色可变，额部和背部多呈红色并有蓝色条纹，背鳍后侧有一块眼斑，尾部呈白色。

体长　10 cm

生活习性　栖息于潟湖和外礁遮蔽区，栖息深度为1~12 m。偏爱在珊瑚、沙砾地混合区上方游动，主要以海藻为食，也捕食浮游动物。

分布　从安达曼海、圣诞岛至日本西南部、帕劳、雅浦岛、澳大利亚和斐济

摩鹿加雀鲷

Pomacentrus moluccensis

通体呈黄色，吻部和颊部有浅亮蓝色斑纹（部分个体不明显）。

体长　7 cm

生活习性　栖息于水质清澈的潟湖和外礁区，栖息深度为1~15 m。常聚成松散的小群在珊瑚前活动，以浮游动物和海藻为食。

分布　从安达曼海、罗利沙洲至日本西南部、帕劳、雅浦岛和斐济

奇雀鲷

Pomacentrus sulfureus

通体呈黄色，胸鳍基部有一块黑斑。

体长　11 cm

生活习性　栖息于珊瑚丰富、有遮蔽区的台礁区和岸礁区，栖息深度为1~12 m。通常单独或聚成松散的群在珊瑚附近活动，在一些海域很常见。

分布　从红海、非洲东岸至毛里求斯和塞舌尔

王子雀鲷

Pomacentrus vaiuli

体色可在浅蓝色和浅棕色之间变化。头部有蓝色斑点和蓝色条纹，体表有成排的蓝色小斑点。背鳍后方有一块蓝缘眼斑或白缘眼斑。

体长　10 cm

生活习性　栖息于潟湖和外礁区，栖息深度为1~40 m。在一些海域比较常见，以丝状海藻和小型无脊椎动物为食。

分布　从巴厘岛、罗利沙洲至日本西南部、密克罗尼西亚和萨摩亚群岛

项环双锯鱼

Amphiprion perideraion

体表呈粉红色或橙色，背部有条纹，头部也有窄条纹。

体长 10 cm

生活习性 栖息于潟湖和外礁区，栖息深度为 3~20 m。大多与公主海葵共生，偶尔也与其他海葵共生。

分布 从马来西亚部分海域、苏门答腊岛、泰国湾至日本西南部、科科斯群岛、澳大利亚西北部、密克罗尼西亚和新喀里多尼亚

双锯鱼亚科

Amphiprioninae

该亚科的所有物种都与海葵共生，如果没有海葵的庇护，它们很容易成为诸多捕食者的猎物。在幼鱼期，它们就已经在谨慎接触的过程中慢慢寻求海葵的保护。它们日夜在长有刺丝囊的海葵触手间活动，并有力抵御想要食用海葵触手的鱼类。在海葵中集群生活的双锯鱼亚科鱼实行“一夫一妻制”，其中体形较大的雌鱼占主导地位，雄鱼地位次之。如果群体中的雌鱼死亡，那么雄鱼将在一周左右转变性别，成为群体中占主导地位的雌鱼。

背纹双锯鱼

Amphiprion akallopisos

从额部经背部至尾部有一条细长的白色条纹。

体长　10 cm

生活习性　栖息于潟湖和外礁区，栖息深度为 2~25 m。与公主海葵和平展列指海葵共生。

分布　从非洲东岸（自好望角至科摩罗和马达加斯加）、塞舌尔、泰国西海岸至苏门答腊岛、爪哇岛和巴厘岛

大眼双锯鱼

Amphiprion ephippium

通体呈橙红色，后半身有一块大小不一的黑色斑块。

体长　12 cm

生活习性　栖息于岸礁和海湾遮蔽区，栖息深度为 2~15 m。在奶嘴海葵中极常见，也会在紫点海葵中游动。

分布　安达曼海、马来西亚西部、苏门答腊岛和爪哇岛

巴氏双锯鱼

Amphiprion barberi

通体（包括鳍）呈橙红色，背部颜色通常更深，头部有一条白色横条纹。

体长　13 cm

生活习性　栖息于潟湖和外礁区，栖息深度为 2~10 m。2008 年首次被发现，会定期出现在分布区域。与奶嘴海葵和紫点海葵共生，通常集群在共生海葵上方的一定区域内游动。

分布　斐济、汤加和萨摩亚群岛

白背双锯鱼

Amphiprion sandaracinos

从上唇经背部至尾部有一条很宽的白色条纹。

体长　13 cm

生活习性　栖息于潟湖和外礁区，栖息深度为 3~20 m。主要与平展列指海葵共生，偶尔也与紫点海葵共生。

分布　从苏门答腊岛、澳大利亚西北部至日本西南部、菲律宾和所罗门群岛

黑双锯鱼

Amphiprion melanopus

前半身呈橙红色，后半身呈黑色且黑色区域一直延伸至头部的条纹处。

体长　13 cm

生活习性　栖息于潟湖和外礁区，栖息深度为 1~18 m。与公主海葵、紫点海葵和奶嘴海葵共生。

分布　从巴厘岛、加里曼丹岛西部至菲律宾、马绍尔群岛、斐济和社会群岛

二带双锯鱼

Amphiprion bicinctus

体色可以在黄色和深棕色之间变换，体表有两条白色或者浅蓝色条纹。

体长 14 cm

生活习性 栖息于岸礁区、台礁区、海湾和外礁区，栖息深度为0.5~30 m。比较常见。与公主海葵、紫点海葵、念珠海葵、奶嘴海葵和巨型列指海葵共生。

分布 红海、亚丁湾以及查戈斯群岛

克氏双锯鱼

Amphiprion clarkii

体色多变，可完全呈橙色或黑色，尾鳍可呈白色、黄色、橙色或黑色（少见）。

体长 14 cm

生活习性 栖息于潟湖和外礁区，栖息深度为1~55 m。与10种海葵共生，是双锯鱼亚科中分布最广的鱼之一。

分布 从波斯湾、马尔代夫至日本南部、斐济和新喀里多尼亚

橙鳍双锯鱼

Amphiprion chrysopterus

通体呈棕色或黑色，体表有两条白色或浅蓝色条纹，其中前一条比后一条宽。鳍大多呈橙色，只有尾鳍常呈浅白色，美拉尼西亚海域的个体臀鳍、腹鳍均呈黑色。

体长 15 cm

生活习性 与6种海葵共生。

分布 从密克罗尼西亚、菲律宾、所罗门群岛、澳大利亚东北部、斐济、萨摩亚群岛至法属波利尼西亚

浅色双锯鱼

Amphiprion nigripes

头部有白色横条纹，臀鳍和腹鳍呈黑色。

体长 11 cm

生活习性 栖息于潟湖和外礁区，栖息深度为 1~25 m。分布区域有限，仅与公主海葵共生，常集群活动。

分布 马尔代夫、斯里兰卡

鞍斑双锯鱼

Amphiprion polymnus

头部有一条宽条纹，体表的鞍状斑一直延伸至背鳍。尾鳍呈黑色（除了边缘，边缘呈白色）。

体长 12 cm

生活习性 与两种海葵共生，常出现在沙地上的汉氏大海葵中。

分布 从泰国湾至日本西南部、澳大利亚北部和所罗门群岛

双带双锯鱼

Amphiprion sebae

头部有一条宽条纹，体表的鞍状斑一直延伸至背鳍，尾鳍要么整个呈黄色，要么局部呈黄色。

体长 14 cm

生活习性 栖息于潟湖、海湾和外礁区，栖息深度为 2~35 m。与汉氏大海葵共生，常在沙砾地上方活动。

分布 从亚丁湾、阿曼湾至斯里兰卡、马尔代夫和爪哇岛

眼斑双锯鱼

Amphiprion ocellaris

体表有 3 条白色条纹，其中中间的那条条纹向体前突出。

体长　9 cm

生活习性　栖息于潟湖、岸礁和外礁遮蔽区，栖息深度为 1~15 m。常聚成小群在珊瑚附近活动，与公主海葵、巨型列指海葵和平展列指海葵共生。

分布　从安达曼海、尼科巴群岛至日本西南部、菲律宾和澳大利亚西北部

棘颊雀鲷

Premnas biaculeatus

雄鱼通体呈亮红色或棕红色。雌鱼体形较大，多呈深棕红色或黑红色。是该亚科唯一带有颊棘的物种。

体长　8 cm（雄鱼）、16 cm（雌鱼）

生活习性　栖息于潟湖和外礁遮蔽区，栖息深度为 1~18 m。仅与奶嘴海葵共生。

分布　从缅甸、泰国、马来西亚、苏门答腊岛至菲律宾、澳大利亚大堡礁和瓦努阿图

白罩双锯鱼

Amphiprion leucokranos

通体呈橙色或黄棕色，额部有一块白斑（所谓的“白罩”），颊部有一块略弯曲的白斑，大多数个体的背部也有一块小白斑。

体长　11 cm

生活习性　栖息于潟湖和外礁区，栖息深度为 2~10 m。与紫点海葵、公主海葵以及平展列指海葵共生。

分布　巴布亚新几内亚北部和所罗门群岛

波纹唇鱼

Cheilinus undulatus

终期阶段：通体呈蓝绿色，额部隆起。初期阶段：通体呈浅色，额部不隆起。

体长 2.3 m

生活习性 栖息于潟湖、海湾和外礁区，栖息深度为 1~60 m。不常见，生性胆小，一些海域的个体能适应潜水员的存在，在不受威胁的情况下甚至会对外界产生好奇心。大多单独活动，以腹足类动物、甲壳动物、海胆、海星（包括棘冠海星）等带硬壳的无脊椎动物为食，也吃箱鲀等鱼。常在沙砾地上觅食。在一些海域因被大肆捕食而数量骤减。昂贵的食用鱼，在东南亚极受欢迎。

分布 从红海、非洲东岸至日本西南部、密克罗尼西亚、新喀里多尼亚和法属波利尼西亚

隆头鱼科

Labridae

目前已知的全世界的隆头鱼科鱼共有 500 多种，它们体形各异，行为和饮食等方面的习性也各不相同。但是它们的游动姿势相似：由胸鳍发力推动身体前进，只有在需要快速游动（比如逃生）时才会借助于尾鳍发力。白天，它们比较活跃，体色通常很鲜艳，体形较小的物种往往敏捷地游动。夜晚，体形较小的物种多将自己埋于沙中，体形较大的物种则在庇护所休息。

隆头鱼科鱼雌雄同体，大多先雌后雄。雌鱼随着年龄的增长会变成雄鱼（次级雄鱼），也有一些鱼直接从幼鱼发育为雄鱼（初级雄鱼）。隆头鱼科鱼的年龄和性别常体现在体色上：初级雄鱼和初级雌鱼对应的是初期阶段（IP）和初期体色（IF），大多数体色艳丽的次级雄鱼对应的是终期阶段（TP）和终期体色（TF），而体色与初期体色差别很大的幼鱼对应的则是未成年阶段（JP）。

绿尾唇鱼

Cheilinus chlorourus

体色多变，可从浅灰棕色变为绿色（局部呈红色），体表常有成排的白色小斑点，背部常有形状不规则的白斑。

体长 36 cm

生活习性 栖息于潟湖和岸礁珊瑚、沙砾地混合区，栖息深度为 2~30 m。总是贴近海底游动，以底栖无脊椎动物为食。

分布 从非洲东岸至日本西南部、密克罗尼西亚和法属波利尼西亚

雀尾唇鱼

Cheilinus lunulatus

尾鳍呈流苏状，鳃盖上有一块边缘颜色较深的黄斑，胸鳍呈黄色。

体长 50 cm

生活习性 栖息于珊瑚丰富的礁区，栖息深度为 0.5~30 m。偏爱在沙砾地附近活动。生性谨慎而胆小，主要以甲壳动物、贝类、腹足类动物等底栖无脊椎动物为食。

分布 红海和亚丁湾

五带唇鱼

Cheilinus quinquecinctus

大型成鱼尾鳍呈流苏状，一些个体从嘴角经下颌至上颌有一条白色叉状条纹。与尾鳍不呈流苏状的横带唇鱼极其相似。

体长 36 cm

生活习性 栖息于珊瑚、沙砾地混合区，栖息深度为 4~40 m。相对常见，胆子比较大，以底栖无脊椎动物为食。

分布 红海

荧斑阿南鱼

Anampses caeruleopunctatus

终期阶段：前半身有黄绿色横条纹。初期阶段：体表有成排的蓝色小斑点。

体长 42 cm

生活习性 栖息于水质清澈的外礁区，栖息深度为 1~30 m。以小型甲壳动物、毛足纲动物和软体动物为食。雄鱼通常单独活动且具领地意识，雌鱼在雄鱼的“后宫”中松散地活动。夜晚埋在沙中。

分布 从红海、非洲东岸至日本南部、莱恩群岛、法属波利尼西亚和复活节岛

黄尾阿南鱼

Anampses meleagrides

初期阶段：体表有成排的白色斑点，背鳍和臀鳍后侧各有一块眼斑。

体长　22 cm

生活习性　栖息于珊瑚、沙砾地混合区，栖息深度为 3~60 m。雄鱼大多单独活动，幼鱼和雌鱼常聚成松散的小群活动。以小型底栖无脊椎动物为食。

分布　从红海、非洲东岸至日本南部、密克罗尼西亚和法属波利尼西亚

星阿南鱼

Anampses twistii

初期阶段：背鳍和臀鳍后侧各有一块眼斑。终期阶段：眼斑消失。

体长　18 cm

生活习性　栖息于潟湖、海湾和外礁的珊瑚、沙砾地混合区，栖息深度为 2~30 m。以小型底栖无脊椎动物为食。

分布　从红海、非洲东岸至日本西南部、密克罗尼西亚和法属波利尼西亚

管唇鱼

Cheilio inermis

体形修长，体色可在棕色、绿色或黄色间转变。

体长　50 cm

生活习性　栖息于岩礁、珊瑚礁和海草床遮蔽区，栖息深度为 1~35 m。生性胆小。偏爱与羊鱼科鱼和同科的其他鱼同游，捕食它们从沙地中掘出的猎物。以软体动物、甲壳动物（虾、蟹）和海胆为食。

分布　从红海、非洲东岸至日本西南部、夏威夷群岛、密克罗尼西亚和波利尼西亚

右下的两幅图中，上图为次级雄鱼（终期阶段），体长约 50 cm，体表有鲜艳的黄色、橙色、黑色和白色斑块；下图为初级雌鱼。

似花普提鱼

Bodianus anthioides

成鱼前半身呈棕红色，后半身呈白色并有红棕色斑点。

体长 21 cm

生活习性 栖息于潟湖、海湾和外礁区，栖息深度为 5~60 m。成鱼常在礁石的沙砾地上方捕食底栖无脊椎动物。

分布 从红海、非洲东岸至日本南部、莱恩群岛和法属波利尼西亚

左图 幼鱼体色各异，常紧密聚集在柳珊瑚和黑珊瑚前方。

腋斑普提鱼

Bodianus axillaris

终期阶段的成鱼胸鳍基部有一块眼斑（“腋斑”），背鳍和臀鳍上各有一块眼斑。

体长 20 cm

生活习性 栖息于水质清澈的潟湖、海湾和外礁区，栖息深度为 3~40 m。常单独贴近海底游动。成鱼和幼鱼偶尔提供清洁服务。

分布 从红海、非洲东岸、阿曼南部至日本南部、密克罗尼西亚、法属波利尼西亚和皮特凯恩群岛

左图 幼鱼体表呈黑色并有大白斑，常常躲藏在洞穴中。

中胸普提鱼

Bodianus mesothorax

终期阶段的成鱼前半身有一块斧状或三角形黑斑，与腋斑普提鱼（背鳍和臀鳍上各有一块眼斑）相似。

体长 20 cm

生活习性 栖息于珊瑚丰富的外礁坡，栖息深度为5~30 m。

分布 从圣诞岛至日本南部、密克罗尼西亚西部、巴布亚新几内亚和澳大利亚大堡礁

右图 幼鱼体表呈深紫色并有大黄斑，常单独在礁石裂缝和悬垂物附近活动。

鳍斑普提鱼

Bodianus diana

终期阶段：尾鳍上有一块黑斑，背部有4~5块白斑，背鳍和臀鳍局部呈红色。

体长 25 cm

生活习性 栖息于岩礁区和珊瑚礁区，栖息深度为3~50 m。在一些海域比较常见，偏爱在珊瑚丰富的礁坡活动。

分布 从红海、非洲东岸至日本南部、密克罗尼西亚和萨摩亚群岛

右图 幼鱼体表有众多白色斑点和白色短条纹，常在柳珊瑚附近提供清洁服务。

网纹普提鱼

Bodianus dictynna

终期阶段：尾鳍上有一块黑斑，腹鳍和臀鳍上也有黑斑。

体长　20 cm

生活习性　栖息于珊瑚丰富的外礁坡，栖息深度为5~25 m。常单独或成对在珊瑚长势良好的海域游动。以甲壳动物、贝类和腹足类等无脊椎动物为食。

分布　从马来西亚、印度尼西亚至菲律宾、密克罗尼西亚西部、澳大利亚大堡礁、萨摩亚群岛和汤加

左图　幼鱼体表呈红棕色并有许多斑纹，鳍上有黑斑，常在扇形柳珊瑚和黑珊瑚附近活动。

尼尔氏普提鱼

Bodianus neilii

前半身呈浅红棕色，体色向后逐渐变浅直至变成白色，背鳍和臀鳍上各有一块红色或红黑色斑。

体长　20 cm

生活习性　栖息于潟湖、岸礁区和珊瑚较少的混浊水域，栖息深度为2~15 m。常单独在海底觅食小型动物。

分布　马尔代夫、斯里兰卡和安达曼海

蓝身丝隆头鱼

Cirrhilabrus cyanopleura

终期阶段：前半身大部分区域呈蓝色，吻部和额部多呈灰绿色，腹部呈浅白色。

体长　15 cm

生活习性　栖息于潟湖、外礁珊瑚丰富的区域和珊瑚、沙砾地混合区，栖息深度为2~30 m。常聚成小群游动，以捕食浮游动物。

分布　安达曼海、圣诞岛、日本西南部、巴布亚新几内亚、澳大利亚西北部和澳大利亚大堡礁

卢氏丝隆头鱼

Cirrhilabrus lubbocki

终期阶段：胸鳍呈黄色。除右图所示的体色类型外，还有一种体色类型：背部呈黄色，身体其余部位呈浅红色。

体长　8 cm

生活习性　栖息于外礁顶部和沙砾地，栖息深度为 3~35 m。常单独或聚成松散的小群活动，以捕食浮游动物。

分布　印度尼西亚东部、菲律宾和帕劳

艳丽丝隆头鱼

Cirrhilabrus exquisitus

尾柄上有一块黑斑。

体长　12 cm

生活习性　栖息于外礁坡，栖息深度为 5~35 m。常在水流强劲的区域活动，也出没于沙砾地上方，以浮游动物为食。

分布　从非洲东岸至日本南部、帕劳、澳大利亚大堡礁、法属波利尼西亚和迪西岛

橘鳍盔鱼

Coris pictoides

腹部颜色浅，背部颜色深，体表的一条白色窄条纹从眼部一直延伸至尾部。

体长　12 cm

生活习性　栖息于近礁沙砾地，栖息深度为 10~35 m。常单独或成对活动。

分布　从马来西亚、印度尼西亚至菲律宾和澳大利亚东南部

巴都盔鱼

Coris batuensis

终期阶段：头上半部有深色短条纹，胸鳍基部有一块小黑斑，背鳍中部有一块眼斑。初期阶段：背鳍上有 3 块眼斑，头部有红色斑点。

体长　18 cm

生活习性　栖息于潟湖和外礁，栖息深度为 1~20 m。常单独紧贴着沙砾地游动。

分布　从非洲东岸至日本南部、密克罗尼西亚以及汤加

鳍斑盔鱼

Coris aygula

终期阶段（雄鱼，上图）：额部隆起，尾鳍呈流苏状，通体呈橄榄绿色并多有浅白色横条纹。处于初期阶段（中图）和未成年阶段（下图）时前半身有黑色斑点，幼鱼背鳍上还有两块眼斑。

体长　1 m

生活习性　栖息于潟湖和外礁坡，栖息深度为 2~40 m。常单独在珊瑚、沙砾地混合区活动，以底栖无脊椎动物，特别是贝类、腹足类、海胆等带硬壳的无脊椎动物为食，能用臼齿咬碎寄居蟹等动物的硬壳。

分布　从红海、非洲东岸至日本南部、密克罗尼西亚、莱恩群岛和法属波利尼西亚

露珠盔鱼

Coris gaimard

终期阶段（上图）：尾部呈黄色，尾鳍基部和后半身有亮蓝色斑点。

体长 38 cm

生活习性 栖息于潟湖和外礁区，栖息深度为 2~50 m。偏爱在珊瑚附近的沙砾地上方活动，主要以带硬壳的底栖无脊椎动物，如腹足类、贝类、海胆和甲壳动物为食。

分布 从圣诞岛、巴厘岛至日本南部、密克罗尼西亚、夏威夷群岛和法属波利尼西亚

处于初期阶段（中图）时，头部呈浅红色。中图所示的鱼正由雌性向雄性转变，这从其前半身开始出现浅绿色竖条纹就能看出来。幼鱼（下图）通体呈红橙色，体表有黑缘白斑。

尾斑盔鱼

Coris caudimacula

体表底色是浅白色，上半身有橄榄红棕色的方形斑。体色的深浅会发生变化。

体长 20 cm

生活习性 栖息于潟湖、海湾和外礁遮蔽区，栖息深度为 2~25 m。偏爱单独在珊瑚附近的沙砾地上方游动。以带硬壳的底栖无脊椎动物为食，多跟着其他种类的鱼捕食。

分布 从红海、非洲东岸、阿曼湾至巴厘岛和澳大利亚西北部

红尾盔鱼

Coris formosa

次级雄鱼体表有横条纹。初级雌鱼（左图）体表有黑色斑点，尾鳍基部呈红色、端部半透明。

体长 60 cm

生活习性 栖息于珊瑚丰富、水流湍急的礁区，栖息深度为 3~30 m。通常单独在珊瑚、沙砾地混合区活动，以带硬壳的底栖无脊椎动物为食。

分布 红海南部、非洲东岸、马斯克林群岛、塞舌尔、查戈斯群岛、马尔代夫和斯里兰卡

雀尖嘴鱼

Gomphosus caeruleus

拥有标志性的管状吻，与杂色尖嘴鱼相似，但两者体色不同。

体长 28 cm

生活习性 栖息于珊瑚丰富的潟湖、海湾和外礁区。比较常见，但生性胆小。可敏捷、快速地捕食小型无脊椎动物，能通过细长的管状吻从珊瑚枝杈间和窄缝中吸食猎物。

分布 从红海至非洲东岸、毛里求斯、阿曼和安达曼海

左下的两幅图中，上图为次级雄鱼，体表呈深蓝色，通常单独活动；下图为初级雌鱼，腹部呈黄棕色，通常聚成小群活动。

伸口鱼

Epibulus insidiator

次级雄鱼面部呈白色，颈部呈橙色。

体长　35 cm

生活习性　栖息于珊瑚丰富的潟湖、海湾和外礁区，栖息深度为 2~40 m。通常单独活动，有时也以配偶群为单位活动，生性胆小。以虾、甲壳动物和鱼为食。吻能瞬间收缩，即能将吻变为管状，从而吸食藏于珊瑚枝杈间的猎物。

分布　从红海、非洲东岸至日本南部、密克罗尼西亚、夏威夷群岛和法属波利尼西亚

右图　初级雌鱼体表呈奶油色、深棕色或亮黄色。

黑尾海猪鱼

Halichoeres melanurus

次级雄鱼尾鳍后缘有一块大黑斑，头部呈绿色或浅蓝色且有红色条纹。

体长　12 cm

生活习性　栖息于礁石遮蔽区，栖息深度为 1~15 m。通常单独或聚成小群游动，以小型甲壳动物、毛足纲动物等小型无脊椎动物为食。

分布　从印度尼西亚至日本西南部、密克罗尼西亚、萨摩亚群岛和澳大利亚大堡礁

右图　初期阶段的黑尾海猪鱼尾柄上有一块眼斑，背鳍中部也有一块眼斑，背鳍前部有一个黑色小斑点。初期阶段的黑尾海猪鱼与初期阶段的纵纹海猪鱼、紫色海猪鱼和弗氏海猪鱼（分布于印度洋海域）极其相似。

格纹海猪鱼

Halichoeres hortulanus

体表有棋盘状的网格图案，终期阶段的格纹海猪鱼（上图）背部有一块黄斑，初期阶段的格纹海猪鱼（中图）背部则有两三块黄斑。幼鱼（下图）体表有银白色与黑色相间的条纹，背鳍中部有一块眼斑。

体长　27 cm

生活习性　栖息于水质清澈的潟湖和外礁区，栖息深度为 1~30 m。身手敏捷，胆子比较大，白天一直在游动。雄鱼领地范围大。以小型底栖无脊椎动物为食，常在珊瑚附近的沙砾地上方游动。

分布　从红海、阿曼南部、非洲东岸至日本南部、密克罗尼西亚、莱恩群岛和法属波利尼西亚

星云海猪鱼

Halichoeres nebulosus

体表图案复杂，体色多变。

体长　12 cm

生活习性　栖息于岸礁区和珊瑚礁区，栖息深度为1~40 m。生性胆小，总是紧贴着海底游动，也出没于海草床等有可藏身之处的区域，因此不易被看到。以底栖无脊椎动物为食。

分布　从红海、阿曼南部、非洲东岸至日本南部、所罗门群岛和澳大利亚东部

金色海猪鱼

Halichoeres chrysus

通体呈柠檬黄色，次级雄鱼背鳍上有一块黑斑。

体长　12 cm

生活习性　栖息于礁石边缘和礁坡的沙砾地上方，栖息深度为 2~60 m。常聚成松散的小群游动。

分布　从圣诞岛、巴厘岛至日本南部、马绍尔群岛、所罗门群岛以及澳大利亚西北部和东部

右图　初期阶段的金色海猪鱼背鳍上有两三块黑斑；幼鱼背鳍上有 3 块黑斑，其中中间的那块是眼斑（右图中的幼鱼背鳍上从前往后数第 1 块黑斑没被拍出来）。

波纹海猪鱼

Halichoeres cosmetus

体表呈浅蓝绿色并有橙色竖条纹。幼鱼和初级雌鱼背鳍上有两块眼斑。

体长　13 cm

生活习性　栖息于潟湖和外礁区，栖息深度为 3~30 m。偏爱在珊瑚、岩石、沙砾地混合区活动。

分布　从非洲东岸、毛里求斯、塞舌尔、马尔代夫至安达曼海和苏门答腊岛

黑额海猪鱼

Halichoeres prosopeion

终期阶段和初期阶段：前半身（包括头部）呈蓝灰色，体色由前往后逐渐过渡至浅黄色或黄色，背鳍前部有一块黑斑。

体长 13 cm

生活习性 栖息于珊瑚丰富的潟湖和外礁区，栖息深度为 2~40 m。常单独或聚成松散的小群活动。

分布 从印度尼西亚至日本西南部、帕劳、萨摩亚群岛和澳大利亚东南部

左图 幼鱼体表有深色竖条纹，背鳍前部有一块黑斑。

纵纹海猪鱼

Halichoeres richmondi

终期阶段：尾鳍边缘呈蓝色，体表（包括头部）有蓝色竖条纹。

体长 19 cm

生活习性 栖息于潟湖、礁道和岸礁遮蔽区，栖息深度为 2~15 m。生性胆小，通常单独或聚成小群活动。

分布 从爪哇岛至日本西南部、马绍尔群岛、巴布亚新几内亚和瓦努阿图

索洛海猪鱼

Halichoeres solorensis

终期阶段（右图）：头部呈黄绿色且有浅色条纹，体表其余部位呈淡紫色或灰色。

体长　18 cm

生活习性　栖息于潟湖和岸礁区，栖息深度不超过 10 m，偏爱在珊瑚和沙砾地上方游动。雌鱼通常集群活动，以捕食底栖无脊椎动物。

分布　从印度尼西亚至菲律宾和马鲁古群岛

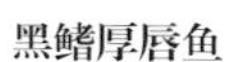

黑鳍厚唇鱼

Hemigymnus melapterus

前半身呈浅绿色，后半身则呈黑绿色，大型成鱼体表主要呈橄榄绿色。

体长　50 cm

生活习性　栖息于潟湖和外礁遮蔽区，栖息深度为 1~30 m。偏爱在珊瑚、沙砾地混合区上方游动，以捕食带硬壳的无脊椎动物。

分布　从非洲东岸至日本南部、密克罗尼西亚和法属波利尼西亚

右图　与成鱼相比，幼鱼体色十分不同且前后对比鲜明，眼部颜色更深，尾部呈黄色。

横带厚唇鱼

Hemigymnus fasciatus

体表有深色宽条纹。

体长　50 cm

生活习性　栖息于潟湖和外礁区，栖息深度为1~25 m。偏爱在有遮蔽区的礁区和珊瑚、沙砾地混合区活动，通常单独活动，偶尔聚成小群活动，以底栖无脊椎动物，包括毛足纲动物、甲壳动物、蛇尾和软体动物为食。

分布　从非洲东岸至日本南部、密克罗尼西亚、莱恩群岛、法属波利尼西亚和迪西岛

单线突唇鱼

Labrichthys unilineatus

唇厚实、多肉，终期阶段的单线突唇鱼体表呈浅绿色，头后方有一条较宽的亮色横条纹。

体长　17 cm

生活习性　栖息于珊瑚丰富的礁区，栖息深度为1~20 m。总在珊瑚枝杈间游动，以珊瑚，特别是鹿角珊瑚为食。在感到不安时会躲藏到珊瑚枝杈间。

分布　从非洲东岸至日本西南部、密克罗尼西亚、萨摩亚群岛和澳大利亚

左图　初期阶段的单线突唇鱼体表呈黑色且有白色竖条纹，能敏捷而持久地游动。

艾伦褶唇鱼

Labropsis alleni

终期阶段：体色从前往后由浅棕色（头部）依次过渡为浅黄色（体中部）和白色（尾部）。胸鳍基部有一块亮色缘大黑斑。背鳍前部和臀鳍上方各有一个小斑点。

体长　10 cm

生活习性　栖息于珊瑚丰富的潟湖和外礁坡，栖息深度为4~50 m。

分布　从印度尼西亚至菲律宾、马绍尔群岛和所罗门群岛

环纹细鳞盔鱼

Hologymnosus annulatus

终期阶段：体表呈深绿色并有横条纹。

体长 40 cm

生活习性 栖息于水质清澈的潟湖、海湾和外礁遮蔽区，栖息深度为 5~35 m。偏爱在珊瑚、沙砾地混合区游动。次级雄鱼领地范围较大。主要以鱼为食，也吃小型甲壳动物。

分布 从红海、非洲东岸至日本南部、莱恩群岛、法属波利尼西亚和皮特凯恩群岛

右图 幼鱼背部呈浅黄色，下半身呈深棕色或浅黑色。总是贴近海底活动，偏爱在沙砾地上方游动。

狭带细鳞盔鱼

Hologymnosus doliatus

终期阶段和初期阶段的个体体表都有许多蓝色横条纹，初期阶段的个体前半身还有一条浅白色横条纹。

体长 38 cm

生活习性 栖息于潟湖、外礁区和海湾，栖息深度为 3~30 m。偏爱在珊瑚、沙砾地混合区上方活动。次级雄鱼领地范围大，拥有自己的配偶群。

分布 从红海南部、阿曼南部、非洲东岸至日本南部、密克罗尼西亚、莱恩群岛、萨摩亚群岛和澳大利亚东南部

右图 幼鱼体表呈奶油色并有 3 条红色竖条纹，常聚成紧密的小群活动。

双色裂唇鱼

Labroides bicolor

头局部呈深蓝色，前半身呈黑色，后半身则呈浅黄色。幼鱼体表呈黑色，背部有黄色条纹。

体长 14 cm

生活习性 栖息于珊瑚礁区，栖息深度为 2~30 m。

分布 从非洲东岸至日本南部、密克罗尼西亚、莱恩群岛和法属波利尼西亚

裂唇鱼

Labroides dimidiatus

终期阶段：体表呈浅蓝白色，从吻部至尾部有一条渐宽的黑色条纹。

体长 12 cm

生活习性 栖息于礁区，栖息深度为 1~40 m。是清洁鱼，会通过特别的摆动姿势“招揽生意”，为“客户”清除皮肤上的寄生虫、黏液和碎屑。成鱼多成对活动。

分布 从红海、波斯湾、南非至日本南部和法属波利尼西亚

胸斑裂唇鱼

Labroides pectoralis

头部呈浅黄色，体表有深色条纹且颜色从前往后逐渐变黑，胸部有一块黑斑。

体长 8 cm

生活习性 栖息于珊瑚丰富、水质清澈的潟湖和外礁区，栖息深度为 2~28 m。与其他清洁鱼一样以“客户”皮肤上的寄生虫为食。

分布 从科科斯群岛、圣诞岛至日本南部、密克罗尼西亚、莱恩群岛和皮特凯恩群岛

四线拉隆鱼

Larabicus quadrilineatus

雄鱼体表呈深蓝色，处于初期阶段时体表有深浅相间的蓝色条纹，尾鳍上有一块大黑斑。

体长 11 cm

生活习性 栖息于珊瑚丰富的海湾、岸礁区和台礁区，栖息深度为 0.5~20 m。成鱼具领地意识，以珊瑚为食；幼鱼和亚成体多聚成小群提供清洁服务，但没有固定的清洁站。

分布 红海和亚丁湾

白点大咽齿鱼

Macropharyngodon bipartitus

终期阶段：雄鱼前半身有绿色条纹。

体长　13 cm

生活习性　栖息于潟湖和外礁区，栖息深度为 2~30 m。偏爱在珊瑚、沙砾地混合区活动。总是贴近海底游动以捕食小型无脊椎动物。雄鱼具领地意识，一条雄鱼的领地内有多条雌鱼。

分布　从阿曼至马尔代夫、毛里求斯、南非（白点大咽齿鱼）和红海（亚种马氏大咽齿鱼）

右图　初级雌鱼体表大部分区域呈浅红色且有白色斑点，胸部呈黑色且有亮蓝色斑纹。

饰妆大咽齿鱼

Macropharyngodon ornatus

右图为初级雌鱼，头部呈橙色或浅红色且有黑缘绿色短条纹，通体（除头部外）呈深色并有蓝绿色斑点。次级雄鱼与初级雌鱼极其相似，但头部的绿色条纹更显眼，身上的条纹和斑点呈浅蓝色。

体长　12 cm

生活习性　栖息于潟湖和外礁遮蔽区，栖息深度为 3~30 m。通常单独或聚成小群活动。

分布　从斯里兰卡、安达曼海至日本西南部、萨摩亚群岛和澳大利亚大堡礁

右图　幼鱼头部以白色为底色且有橙色网状条纹，通体（除头部外）呈黑色且有成排的大白斑。

珠斑大咽齿鱼

Macropharyngodon meleagris

初期阶段的珠斑大咽齿鱼通体呈黑色且有许多白色小斑点。尾鳍透明，背鳍呈白色。终期阶段的珠斑大咽齿鱼头部有短条纹。

体长　12 cm

生活习性　栖息于珊瑚、沙砾地混合区，栖息深度为 5~30 m。通常单独或聚成小群活动。幼鱼尾鳍后部有一块眼斑。

分布　从马尔代夫、安达曼海至日本西南部、澳大利亚西南部和萨摩亚群岛

黑鳍湿鹦鲷

Wetmorella nigropinnata

体表呈红色或红棕色，眼后及尾鳍基部各有一条黄色横条纹。背鳍、臀鳍和腹鳍上各有一块白缘黑斑。

体长　8 cm

生活习性　栖息于潟湖和外礁坡，栖息深度为 1~50 m。偏爱躲藏在洞穴和缝隙中，极其胆小，很难被看见。

分布　从红海至日本西南部和皮特凯恩群岛

带尾美鳍鱼

Novaculichthys taeniourus

尾鳍基部有白色横条纹。

体长　30 cm

生活习性　栖息于潟湖和外礁区，栖息深度为 2~45 m。大多单独在珊瑚、沙砾地混合区活动。以底栖无脊椎动物为食，为了觅食甚至能翻动石块。

分布　从红海、非洲东岸、阿曼南部至日本西南部、夏威夷群岛、巴拿马和波利尼西亚

左图　幼鱼体表呈棕色且有亮斑，会在体色和游动姿势上模仿海底漂动的海藻。

孔雀项鳍鱼

Iniistius pavo

终期阶段（上图）：体表呈浅蓝灰色，背部有一块小黑斑。

体长　40 cm

生活习性　栖息于潟湖开阔的沙地和外礁区，栖息深度为 2~100 m。成鱼多在水深不超过 20 m 的水域单独或聚成松散的群活动。以带硬壳的无脊椎动物为食。生性胆小，在感到不安时会迅速躲进沙中。

分布　从红海、非洲东岸至日本西南部、夏威夷群岛、墨西哥和法属波利尼西亚

幼鱼（有两种体色类型，中图和下图）通过漂游和轻微摇摆身体将自己伪装成海藻或枯叶，它们常出现在浅水域，不像成鱼那么胆小。

短项鳍鱼

Iniistius aneitensis

终期阶段（上图）：胸鳍后方有一块大白斑，有时体表有三四条颜色与体色接近的横条纹。

体长 24 cm

生活习性 栖息于潟湖开阔的沙地和外礁区，栖息深度为 10~90 m。偏爱在夜晚躲进沙中。

分布 从查戈斯群岛至日本西南部、夏威夷群岛和密克罗尼西亚

中图和下图所示的是未成年阶段两种体色类型的短项鳍鱼。

五指项鳍鱼

Iniistius pentadactylus

终期阶段：眼后有四五块红斑，红斑与红斑常交叠在一起。

体长 25 cm

生活习性 栖息于岸边泥沙质斜坡，栖息深度为 1~30 m。通常单独或聚成松散的群贴近海底游动。以腹足类动物和甲壳动物等带硬壳的无脊椎动物为食。生性胆小，在感到不安时会迅速躲进软底质地中，夜晚在沙中休息。

分布 从红海、非洲东岸至日本西南部、关岛、所罗门群岛和澳大利亚大堡礁

右图 初期阶段的五指项鳍鱼腹部上方有一块带有红色条纹（鳞边缘呈红色）的白斑。

双斑尖唇鱼

Oxycheilinus bimaculatus

尾鳍呈楔形，很独特。

体长 15 cm

生活习性 栖息于潟湖和外礁区，栖息深度为 2~110 m。大多在沙砾地、海草床和长有海藻的珊瑚石上活动。雄鱼具领地意识，有自己的配偶群，会护卵，以防其他雄鱼入侵。

分布 从亚丁湾、南非至日本南部、夏威夷群岛、密克罗尼西亚和法属波利尼西亚

大颏尖唇鱼

Oxycheilinus mentalis

体表有一条深色竖条纹，尾鳍上有白斑。

体长 24 cm

生活习性 栖息于珊瑚丰富的潟湖、海湾和外礁区，栖息深度为 1~25 m。胆子比较大，部分个体甚至对外界感到好奇。总是紧贴海底游动，还喜欢悠闲地穿梭于小型珊瑚间。

分布 从红海至马达加斯加和马尔代夫

双线尖唇鱼

Oxycheilinus digramma

体色多变，颊部有斜条纹。

体长 30 cm

生活习性 栖息于珊瑚丰富的潟湖、海湾和外礁区，栖息深度为 3~60 m。通常单独活动，胆子比较大，有时甚至对外界感到好奇。有时在珊瑚上方不远处或在珊瑚枝杈间游动，有时在海底上方不远处游动。主要捕食小鱼。

分布 从红海、非洲东岸至日本西南部、密克罗尼西亚、新喀里多尼亚和萨摩亚群岛

左图 不同的个体体色类型迥异，有些体表呈浅白灰色，有些体表呈浅绿色或深红色，但腹部呈红色。

蓝背副唇鱼

Paracheilinus cyaneus

终期阶段：头部有小斑点和斑纹。

体长 5 cm

生活习性 栖息于岸礁区和外礁坡沙砾地，栖息深度为 5~20 m。雄鱼在发情期会极快地游动，时动时停，并迅速改变体色——背鳍会由红色变成白色，前半身特别是上半侧会由红色变成浅蓝绿色。

分布 从加里曼丹岛至拉贾安帕群岛

摩鹿加拟凿牙鱼

Pseudodax moluccanus

终期阶段：上唇呈黄色，尾鳍基部有浅白色横条纹。

体长　25 cm

生活习性　栖息于珊瑚丰富的潟湖、海湾和外礁区，栖息深度为2~40 m。游动起来敏捷而快速，大多单独活动，以带硬壳的无脊椎动物为食。

分布　从红海、非洲东岸至日本南部、密克罗尼西亚和法属波利尼西亚

右图　幼鱼背部和腹部各有一条亮色条纹，它们主要在有许多缝隙和洞穴的礁坡附近活动，以便随时藏身，偶尔提供清洁服务。

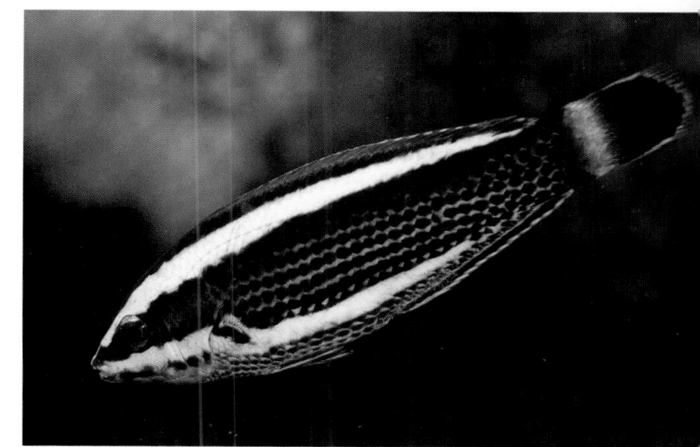

六带拟唇鱼

Pseudocheilinus hexataenia

体表有 6 条左右橙色竖条纹，尾鳍基部有一块小斑。

体长　8 cm

生活习性　栖息于潟湖、海湾和外礁遮蔽区，栖息深度为 2~35 m。在许多海域数量比较多，但因躲藏在珊瑚枝杈间而很难被看到。以小型无脊椎动物为食。

分布　从红海、非洲东岸、阿曼至日本西南部、密克罗尼西亚和法属波利尼西亚

隐秘高体盔鱼

Pteragogus cryptus

鳃盖上有一块近似椭圆形的眼斑，眼后有一条白色条纹。

体长 9.5 cm

生活习性 栖息于潟湖和岸礁遮蔽区，栖息深度为 1~20 m。通常单独或成对活动，因喜欢藏在珊瑚枝杈间、海藻或海草中而很难被看到。

分布 从红海、非洲东岸、阿曼至菲律宾、新喀里多尼亚和萨摩亚群岛

九棘高体盔鱼

Pteragogus enneacanthus

侧线上有一排深色小斑点。

体长 12 cm

生活习性 栖息于长有海草的珊瑚、沙砾地混合区，栖息深度为 3~30 m。通常单独活动，生性胆小，罕见。

分布 从印度尼西亚至马里亚纳群岛、珊瑚海、汤加和澳大利亚东南部

鞍斑锦鱼

Thalassoma hardwicke

背部有黑色鞍状横条纹，这些条纹从前向后逐渐变短。

体长 20 cm

生活习性 栖息于潟湖和外礁区，栖息深度为 1~15 m。偏爱在礁石顶部和边缘活动。胆子比较大，偶尔对外界感到好奇。主要以底栖无脊椎动物、浮游的甲壳动物和小鱼为食。

分布 从非洲东岸至日本南部、莱恩群岛和法属波利尼西亚

詹氏锦鱼

Thalassoma jansenii

体表底色是浅黄白色，有 3 大块黑斑。

体长　20 cm

生活习性　栖息于潟湖和外礁区，栖息深度为 1~15 m。通常单独或集群活动，行动敏捷。

分布　从马尔代夫至日本南部和斐济

新月锦鱼

Thalassoma lunare

终期阶段的新月锦鱼头部呈蓝色，体表其他部位呈蓝色或蓝绿色；初期阶段的新月锦鱼体色以浅绿色为主。

体长　27 cm

生活习性　栖息于潟湖和外礁区，栖息深度为 1~20 m。通常单独或集群活动，行动敏捷、迅速。胆子比较大，甚至对外界感到好奇。雄鱼具领地意识，会与雌鱼共享领地。以底栖无脊椎动物，特别是甲壳动物为食，也吃鱼。

分布　从红海、波斯湾、南非至日本南部、莱恩群岛和新西兰

鲁氏锦鱼

Thalassoma rueppellii

终期阶段的鲁氏锦鱼比初期阶段的鲁氏锦鱼体色深。

体长　20 cm

生活习性　栖息于珊瑚丰富的海湾、岸礁区和台礁区，栖息深度为 0.5~20 m。常见种，胆子比较大，甚至会好奇地游向潜水员。以小型无脊椎动物为食，也吃鱼。雄鱼与配偶共享领地。

分布　红海

鹦嘴鱼科
Scaridae

鹦嘴鱼科鱼都是植食性的鱼，它们会用喙状齿刮食岩礁和珊瑚礁上的小型海藻，以及石珊瑚上的共生藻。这种刮食的方式虽然会让它们摄入大量难以消化的石灰，但它们可以将其磨成粉后从体内排出。它们加快了珊瑚礁生物的分解，是珊瑚沙的重要生产者。与近亲隆头鱼科鱼一样，鹦嘴鱼科鱼也通过胸鳍发力前进，尾鳍只在它们逃生或求偶时派上用场——帮助它们成对、快速地冲向水面产卵。此外，随着年龄的增长，鹦嘴鱼科的许多鱼性别和体色也会发生变化，夜晚也会在礁石的洞穴和缝隙中休息。鹦嘴鱼科的一些鱼还会分泌透明的黏液从而形成黏液茧来屏蔽自己的气味，以有效防御海鳗等夜间捕食者。

驼峰大鹦嘴鱼

Bolbometopon muricatum

体表呈橄榄绿色或灰绿色，成鱼额部垂直耸起。

体长　130 cm

生活习性　栖息于珊瑚丰富的潟湖和外礁区，栖息深度为 1~50 m。鹦嘴鱼科中体形最大的一种鱼，体重最大可达 70 kg。它们以珊瑚为食，或直接用嘴咬下整枝珊瑚，或用隆起的额部有力撞击珊瑚将其弄断。白天活跃，多在清晨聚成固定的群在礁石上方游动。夜晚成群在较大的礁石裂缝和洞穴中休息。在大多数海域罕见，生性胆小。

分布　从红海（罕见）、非洲东岸至日本西南部、中国台湾、莱恩群岛和法属波利尼西亚

肯尼亚绿鹦嘴鱼

Chlorurus atrilunula

雌鱼体表有许多（多为 4 条）由白色方形斑构成的横条纹。雄鱼尾柄呈深蓝色。

体长 30 cm

生活习性 栖息于礁石遮蔽区，栖息深度为 1~20 m。通常在珊瑚、沙砾地混合区上方活动，会刮食海底的小型海藻。

分布 从非洲东岸（自肯尼亚至南非）至查戈斯群岛、马尔代夫和塞舌尔

白氏绿鹦嘴鱼

Chlorurus bleekeri

雄鱼颊部有一大片浅色区域。初期阶段的白氏绿鹦嘴鱼体表呈棕绿色，并有亮色横条纹。

体长 50 cm

生活习性 栖息于有遮蔽区、水质清澈的潟湖和外礁区，栖息深度为 2~30 m。雄鱼通常单独活动，初期阶段的白氏绿鹦嘴鱼通常集群活动。

分布 从印度尼西亚至菲律宾、马绍尔群岛、所罗门群岛、斐济和澳大利亚大堡礁

拟绿鹦嘴鱼

Chlorurus capistratoides

次级雄鱼眼周有绿色条纹，胸鳍基部有一块黄斑，尾鳍两端的鳍条很长。幼鱼和初级雌鱼体表呈深灰色，尾部和吻部呈粉红色。

体长 55 cm

生活习性 栖息于珊瑚丰富的礁坡上方，即碎浪区上方。

分布 从非洲东岸至塞舌尔、安达曼海、巴厘岛和弗洛勒斯岛

双色鲸鹦嘴鱼

Cetoscarus bicolor

雄鱼（上图）、雌鱼（中图）和幼鱼（下图）体色各异。

体长　80 cm

生活习性　栖息于潟湖和外礁坡，栖息深度为 1~30 m。雄鱼具领地意识，一般一条雄鱼的领地内有多条雌鱼。

分布　从红海、非洲东岸、毛里求斯至日本南部、密克罗尼西亚和法属波利尼西亚

鱼龄较大的幼鱼多在沙地上小片珊瑚的枝杈间游动，比较常见，这是它们与鹦嘴鱼科其他物种的幼鱼不同的地方。

驼背绿鹦嘴鱼

Chlorurus gibbus

终期阶段：额部略微隆起，尾鳍两端的鳍条较长。初期阶段：体表呈黄色，尾部边缘和颌部呈蓝绿色。与印度洋海域的圆头绿鹦嘴鱼（第 213 页）相似。

体长 70 cm

生活习性 栖息于珊瑚丰富的岸礁坡上游，栖息深度为 1~35 m。次级雄鱼领地范围大，且通常在离海底较远的区域活动。夜晚在由自己分泌的黏液形成的黏液茧中休息。

分布 红海

初级雌鱼体表呈典型的黄色（中图）。下图中的驼背绿鹦嘴鱼正由初期阶段向终期阶段过渡。

颊纹绿鹦嘴鱼

Chlorurus genazonatus

次级雄鱼颊部有绿色斑纹，颊部下方有一条蓝紫色宽条纹。初期阶段的个体体表呈红棕色。

体长　30 cm

生活习性　栖息于珊瑚丰富的海湾和岸礁坡，栖息深度为 5~25 m。雄鱼通常单独活动，有占地面积很大的领地，生性胆小且游速较快。初期阶段的个体多聚成小群游动。

分布　红海和亚丁湾

蓝头绿鹦嘴鱼

Chlorurus sordidus

体色深浅不一。终期阶段的个体颊部多有一块显眼的黄橙色斑纹，尾柄颜色较浅。

体长　40 cm

生活习性　栖息于潟湖和外礁区，栖息深度为 1~30 m。分布极广。成鱼主要在珊瑚上方活动，幼鱼则通常在珊瑚附近的沙砾地和海草床周围活动。初期阶段的个体常成群迁游。夜晚在黏液茧中休息。

分布　从红海、非洲东岸至日本西南部、夏威夷群岛、莱恩群岛和迪西岛

左图　幼鱼或初期阶段的个体体色较深，体表有白斑，尾部颜色较浅并有深色斑点。

小鼻绿鹦嘴鱼

Chlorurus microrhinos

常见的体色类型是：体表多呈蓝绿色，但头部下方呈浅蓝色。另有一种罕见的体色类型：体表呈灰红色，鳍呈黄色。这两种体色类型的小鼻绿鹦嘴鱼均额部高耸。

体长　70 cm

生活习性　栖息于潟湖和外礁区，栖息深度为 3~40 m。

分布　从巴厘岛至菲律宾、日本西南部、莱恩群岛、澳大利亚东南部和皮特凯恩群岛

圆头绿鹦嘴鱼

Chlorurus strongylocephalus

次级雄鱼颊部有一块黄斑，额部高耸，尾鳍呈蓝色并有长长的鳍条。

体长　70 cm

生活习性　栖息于潟湖和外礁区，栖息深度为 2~35 m。相对常见，大多单独活动，成鱼很少集群活动。

分布　从亚丁湾、非洲东岸至安达曼海和印度尼西亚西南部

右图　初级雌鱼下半身呈浅红色，尾鳍呈黄色但后缘呈蓝色，鳍条短。

长吻马鹦嘴鱼

Hipposcarus harid

头前伸，终期阶段的个体尾鳍鳍条较长，初期阶段的个体尾鳍鳍条则较短。

体长　75 cm

生活习性　栖息于潟湖和外礁遮蔽区，栖息深度为 3~35 m。常在礁石附近的沙砾地上方游动。通常集群活动，群体内常有一条雄鱼和多条雌鱼，以海藻幼体为食。

分布　从红海、非洲东岸至安达曼海、爪哇岛和科科斯群岛

棕吻鹦嘴鱼

Scarus psittacus

终期阶段：吻部呈蓝灰色，颌部有短条纹。初期阶段：体表呈红棕色。

体长　33 cm

生活习性　栖息于潟湖和外礁区，栖息深度为 1~25 m。常在礁坡、平缓的硬底质区和珊瑚上方活动。夜晚会在由自己分泌的黏液形成的黏液茧中休息。雌鱼常与其他种类的鱼集群活动。

分布　从红海、非洲东岸至日本南部、夏威夷群岛和法属波利尼西亚

弧带鹦嘴鱼

Scarus dimidiatus

终期阶段：前半身（包括头部）有一块区域呈蓝绿色，眼后有浅黄色斜条纹。初期阶段：通体呈浅黄色且体表有 3 块分散的灰色鞍状斑。

体长　30 cm

生活习性　栖息于珊瑚丰富的潟湖和外礁区，栖息深度不超过 20 m。

分布　从印度尼西亚至日本南部、菲律宾、密克罗尼西亚和萨摩亚群岛

左图　初级雌鱼

锈色鹦嘴鱼

Scarus ferrugineus

终期阶段：吻部有一块很大的蓝绿色斑纹。初期阶段：尾部呈黄色，体表其余部位呈浅棕色。

体长　40 cm

生活习性　栖息于珊瑚丰富的岸礁斜坡和台礁区。常见种，胆子比较大。雄鱼具领地意识，一条雄鱼的领地内有多条雌鱼。夜晚在由自己分泌的黏液形成的黏液茧中休息。

分布　从红海至波斯湾

左图　初级雌鱼

绿唇鹦嘴鱼

Scarus forsteni

终期阶段：吻部的蓝绿色斑纹一直延伸至眼部。初期阶段：体表有 5 条闪亮的彩色条纹，有些个体体表的条纹上有白斑。

体长　40 cm

生活习性　栖息于水质清澈的潟湖和外礁区，栖息深度为 3~30 m。

分布　从科科斯群岛、印度尼西亚至日本西南部、密克罗尼西亚、澳大利亚大堡礁和法属波利尼西亚

网纹鹦嘴鱼

Scarus frenatus

终期阶段：体色由很深的蓝绿色突然变成浅绿色。

体长　47 cm

生活习性　栖息于水质清澈的外礁坡，栖息深度为 0.3~25 m。偏爱在礁石顶部和边缘活动。以海藻幼体为食，也会将卵产在礁石顶层的浅水域。

分布　从红海、阿曼、非洲东岸至日本西南部、莱恩群岛、澳大利亚东南部和法属波利尼西亚

右图　初期阶段的网纹鹦嘴鱼体表有深色菱形斑块，且这些斑块常演化为竖条纹。

青点鹦嘴鱼

Scarus ghobban

终期阶段的青点鹦嘴鱼体表呈蓝绿色且有明显的鳞状斑纹，胸鳍呈蓝色。初期阶段的青点鹦嘴鱼体表呈黄色且有许多蓝色条纹。

体长　75 cm

生活习性　栖息于岩礁和珊瑚礁遮蔽区，栖息深度为 1~35 m。偏爱在混浊水域活动。幼鱼也会成群在海草床上方活动。

分布　从红海、非洲东岸至日本西南部、加拉帕戈斯群岛、巴拿马和法属波利尼西亚

尾纹鹦嘴鱼

Scarus caudofasciatus

初级雌鱼：前半身呈深蓝色，后半身有 3 条白色的条纹。

体长 50 cm

生活习性 栖息于外礁陡坡，栖息深度为 3~50 m。生性胆小，总是单独活动。

分布 从非洲东岸至毛里求斯、马尔代夫以及安达曼海

三色鹦嘴鱼

Scarus tricolor

终期阶段：尾鳍前端呈浅蓝色，后缘呈绿色，鳍条呈粉色。眼上方和下方各有一条绿色条纹。

体长 55 cm

生活习性 栖息于珊瑚丰富的潟湖和外礁坡，栖息深度为 5~40 m。多单独四处游动。

分布 从非洲东岸至菲律宾、帕劳、莱恩群岛和巴布亚新几内亚

黑鹦嘴鱼

Scarus niger

终期阶段：通体呈深蓝绿色，虹膜呈红色，眼后有一块黄绿色的斑。

体长 40 cm

生活习性 栖息于珊瑚丰富的外礁区、潟湖和海湾，栖息深度为 1~20 m。在一些海域比较常见，雌鱼常常以配偶群为单位四处活动，雄鱼有时具有领地意识。

分布 从红海、非洲东岸至日本西南部、澳大利亚大堡礁和法属波利尼西亚

左图 幼鱼头部呈红色，体表有深浅不一的波浪纹，图中所示的黑鹦嘴鱼处于向初级雄鱼转变的阶段。

钝头鹦嘴鱼

Scarus rubroviolaceus

终期阶段：鼻部明显高耸，颌部有两条条纹，尾鳍两端的鳍条很长。

体长　75 cm

生活习性　栖息于岩礁区、珊瑚礁区和外礁坡，栖息深度为 1~30 m。通常单独或集群活动，以海草为食。

分布　从红海、非洲东岸至日本西南部、夏威夷群岛、巴拿马、澳大利亚东南部和法属波利尼西亚

右图　处于初期阶段的钝头鹦嘴鱼体表底色为深浅不一的红棕色，通常前半身颜色深，后半身颜色浅。颌部、唇部和腹鳍呈红色，部分个体的其他鳍也呈红色。

许氏鹦嘴鱼

Scarus schlegeli

背部后侧有一块黄斑，向腹部延伸成浅色横条纹。

体长　38 cm

生活习性　栖息于珊瑚丰富的潟湖和外礁区，栖息深度为 1~50 m。常在珊瑚、沙砾地混合区上方游动。

分布　从印度尼西亚东部（弗洛勒斯岛）至日本西南部、密克罗尼西亚、澳大利亚和法属波利尼西亚

右图　初级雌鱼体表呈灰棕色，有浅色条纹，它们有时会聚成大群在礁石间穿梭捕食。

肥足䲢科
Pinguipedidae

肥足䲢科鱼都是体形修长的底栖捕食者，它们通常栖息于沙地或砾石地，在植被荒芜的珊瑚石上较少见。它们通常以腹鳍撑地仰起头来获得更开阔的视野，以及时迅速地捕食无脊椎动物和小鱼。该科部分物种的性别会随着年龄的增长而改变，即从雌性转变为雄性。雄鱼具有领地意识，每条雄鱼的领地内都有几条雌鱼。

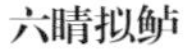

六睛拟鲈
Parapercis hexophtalma

雄鱼（上图）和雌鱼（中图）的尾部均有一块大黑斑。雄鱼体表有条纹，雌鱼颊部有斑点。

体长　28 cm

生活习性　栖息于潟湖和外礁区，栖息深度为 2~25 m，偏爱在沙砾地和有遮蔽区的地方活动。雄鱼具有领地意识，每条雄鱼的领地上有 2~5 条雌鱼。主要以底栖无脊椎动物为食。

分布　从红海、非洲东岸至日本西南部、澳大利亚大堡礁和斐济

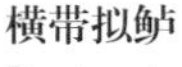

横带拟鲈
Parapercis signata

背部有灰斑，腹部有一排浅橙色斑块，头部有深色斑纹。

体长　13 cm

生活习性　栖息于近礁沙砾地和覆有植被的珊瑚石，栖息深度为 8~30 m。

分布　马尔代夫

雪点拟鲈

Parapercis millepunctata

尾鳍上有一块白斑，通常呈条纹状，体侧、额部和吻部有橄榄棕色斑点。

体长　18 cm

生活习性　栖息于近礁沙砾地和光秃的珊瑚石，栖息深度为 3~40 m。

分布　从毛里求斯、马尔代夫至日本西南部、密克罗尼西亚、澳大利亚大堡礁、法属波利尼西亚和皮特凯恩群岛

线斑拟鲈

Parapercis lineopunctata

体表底色为浅白色，上面有横条纹，背部有橄榄灰色鞍状斑，从口鼻经眼有一条明显的黑色条纹。

体长　12 cm

生活习性　栖息于光秃的珊瑚石或沙地，栖息深度为 3~35 m。

分布　从印度尼西亚至菲律宾和所罗门群岛

圆拟鲈

Parapercis cylindrica

眼下有一条垂直的或略倾斜的深色条纹，腹部有比较宽的深色横条纹。

体长　18 cm

生活习性　栖息于珊瑚礁和岩礁底部的沙砾地和岩石地，栖息深度为 1~20 m。

分布　从马尔代夫、泰国湾至日本南部、马绍尔群岛和澳大利亚东南部（巴厘岛和印度尼西亚东部的圆拟鲈尾部呈黄色）

中斑拟鲈

Parapercis maculata

体侧有两排近乎四边形的红棕色斑块，颊部有蓝白色短条纹。

体长 20 cm

生活习性 栖息于岸礁沙砾地遮蔽区，栖息深度为 3~35 m。

分布 从非洲东岸、阿曼至日本

四斑拟鲈

Parapercis clathrata

腹部有一排浅棕色或橙棕色斑块，其中每块斑的中心均呈黑色。雄鱼颈部两侧各有一块眼斑。

体长 18 cm

生活习性 栖息于珊瑚礁和外礁沙砾地，栖息深度为 3~50 m。

分布 从安达曼海至日本西南部、密克罗尼西亚、菲尼克斯群岛、萨摩亚群岛和澳大利亚大堡礁

玫瑰拟鲈

Parapercis schauinslandii

体侧有两排红斑，第一背鳍上有红黑色斑纹。本种有浅红色和深红色两种体色类型。

体长 13 cm

生活习性 栖息于近礁沙砾地和外礁有一定水流的区域，栖息深度为 10~50 m。通常在距离海底一定高度的区域漂游和捕食浮游动物。

分布 从非洲东岸至日本南部、关岛、夏威夷群岛和法属波利尼西亚

史氏拟鲈

Parapercis snyderi

体表约有 5 块不规则的红棕色鞍状斑，尾鳍后缘颜色比较深，第一背鳍呈黑色，胸鳍基部有一块黄斑。

体长　10 cm

生活习性　栖息于近礁沙砾地，栖息深度为 5~35 m。

分布　从安达曼海至日本南部、巴布亚新几内亚以及澳大利亚大堡礁

斑纹拟鲈

Parapercis tetracantha

体表有对比鲜明的、白色与黑棕色相间的斑块，头后上方有一块不太显眼的眼斑。

体长　25 cm

生活习性　栖息于潟湖、外礁和近礁沙砾地遮蔽区，栖息深度为 5~25 m。

分布　从孟加拉湾、安达曼海至日本南部、帕劳以及巴布亚新几内亚

黄纹拟鲈

Parapercis xanthozona

颊部有一些白橙相间的斜条纹，从胸鳍基部至尾鳍有浅色条纹。

体长　23 cm

生活习性　栖息于近礁沙地和覆有一定植被的岩石区，栖息深度为 8~30 m。

分布　从非洲东岸至日本西南部、澳大利亚东部和斐济

鳚科
Blenniidae

鳚科大约有 350 种鱼，都没有鳞片或只有小而光滑的鳞片，但体表有起保护作用的黏液。它们通常在海底硬底质区占据一块有管穴的迷你领地。雌鱼将卵产在缝隙里或石头下，有些物种由雄鱼护卵，有些物种由雌雄鱼共同护卵。珊瑚礁里常出现的鳚科鱼主要是鳚亚科鱼和丝鳚亚科鱼：鳚亚科鱼有许多小齿，用于刮下硬底质地面上的丝状海藻和咬食小型无脊椎动物；丝鳚亚科鱼是捕食者，大多比较活跃，下颌两侧各有一长而弯曲的犬齿。一些物种会咬食大型鱼类的鱼鳞、皮肤或鳍。稀棘鳚属鱼犬齿有毒。

项斑穗肩鳚

Cirripectes auritus

颈部有一块浅棕色或深棕色的耳形斑。

体长　9 cm

生活习性　多栖息于珊瑚丰富的礁坡，栖息深度为 2~20 m。

分布　从非洲东岸至菲律宾、中国台湾、帕劳和莱恩群岛

花异齿鳚

Ecsenius pictus

尾根呈浅黄色且带有深浅不一的条纹，体表有很窄的白色竖条纹，背部和下半身还有成排的白色斑点。

体长　5 cm

生活习性　栖息于礁坡，栖息深度为 10~40 m。偏爱在珊瑚附近的开阔地带活动。

分布　从马鲁古群岛至菲律宾和所罗门群岛

阿伦氏异齿鳚

Ecsenius aroni

头部呈暗灰色或灰蓝色，尾柄上有一块黑斑。

体长　5.5 cm

生活习性　栖息于台礁区和岸礁区，栖息深度为2~35 m。不常见，生性胆小，被靠近时会迅速逃进洞中。

分布　红海

巴氏异齿鳚

Ecsenius bathi

体表呈浅白灰色并有深色竖条纹，几条黄色或白色短条纹穿眼而过。

体长　4 cm

生活习性　栖息于珊瑚丰富的礁区，栖息深度为3~20 m。

分布　从加里曼丹岛、巴厘岛至新几内亚岛西部

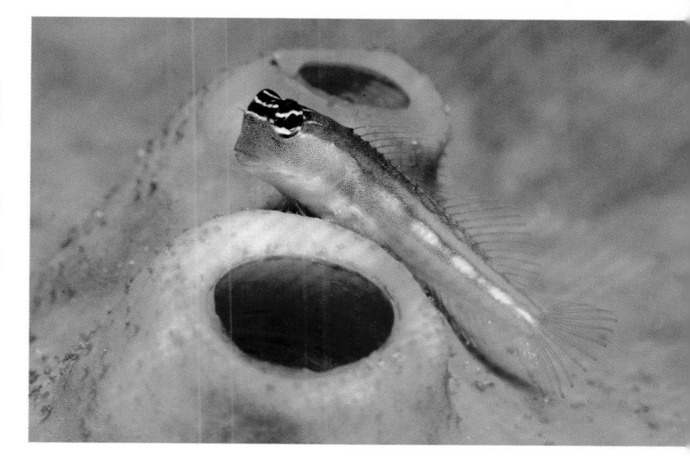

大牙异齿鳚

Ecsenius dentex

体表呈浅灰色或浅棕色，下颌上有深色条纹，通身散布浅色斑，其中颊部的斑呈浅黄色。

体长　6 cm

生活习性　栖息于岸礁遮蔽区，栖息深度为1~15 m。常见种，不怎么胆小，通常在珊瑚或珊瑚石上方活动。在受到惊扰时会躲到洞中。

分布　红海北部

二色异齿鳚

Ecsenius bicolor

本种有两种体色类型。常见的一种体色类型是前半身呈暗蓝灰色，后半身呈黄橙色。

体长 10 cm

生活习性 偏爱栖息于水质清澈的潟湖和外礁区，栖息深度为 2~25 m。通常在活珊瑚和岩石地上活动，在受到惊扰时会躲到洞中。

分布 从马尔代夫至日本西南部、密克罗尼西亚、菲克尼斯群岛、澳大利亚大堡礁和斐济

左图 图中是另一种体色类型的个体：下半身呈白色，上半身呈深棕色，且大多向尾部逐渐过渡为黄色。

额异齿鳚

Ecsenius frontalis

有 3 种体色类型：一种是图中的变体（体表呈深棕色，尾部呈白色），一种体表为浅色且有黑色条纹，一种通体呈黄色。红海北部少见，向南逐渐常见。

体长 8 cm

生活习性 栖息于珊瑚、岩石地和沙砾地，栖息深度为 3~25 m。

分布 红海和亚丁湾

格氏异齿鳚

Ecsenius gravieri

体表呈蓝黄色，眼后有一条黑色竖条纹。额部耸起是本种与其常模仿的有毒的黑纹稀棘鳚最大的区别。

体长　8 cm

生活习性　栖息于珊瑚丰富且有一定遮蔽区的岸礁区，栖息深度为 2~25 m。常见种，常在光秃的珊瑚石或活珊瑚上静静地待着。

分布　红海和亚丁湾

金黄异齿鳚

Ecsenius midas

尾鳍开叉，有橙黄色和灰蓝色两种体色类型。

体长　13 cm

生活习性　栖息于珊瑚丰富的礁坡，栖息深度为 2~35 m。其中体色为橙黄色的个体因与丝鳍拟花鮨相似而常混迹在后者的集群中。以浮游动物为食，常躲在小洞中探出头观望。

分布　从红海、非洲东岸至菲律宾、澳大利亚大堡礁和法属波利尼西亚

纳氏异齿鳚

Ecsenius namiyei

体表呈深棕色或橄榄棕色，尾鳍呈浅色或黄色。还有一种体色类型的个体：头部有一些显眼的白色斑纹。

体长　10 cm

生活习性　栖息于潟湖和外礁区，栖息深度为 3~30 m。爱在珊瑚、岩石和海绵上方活动，生性胆小。

分布　从苏拉威西岛、马鲁古群岛至菲律宾、中国台湾和所罗门群岛

施氏异齿鳚

Ecsenius schroederi

通体呈浅灰棕色，背部和体侧各有一排小白斑。

体长　5 cm

生活习性　栖息于潟湖和外礁遮蔽区，栖息深度为 3~10 m。

分布　从澳大利亚西北部至马鲁古群岛

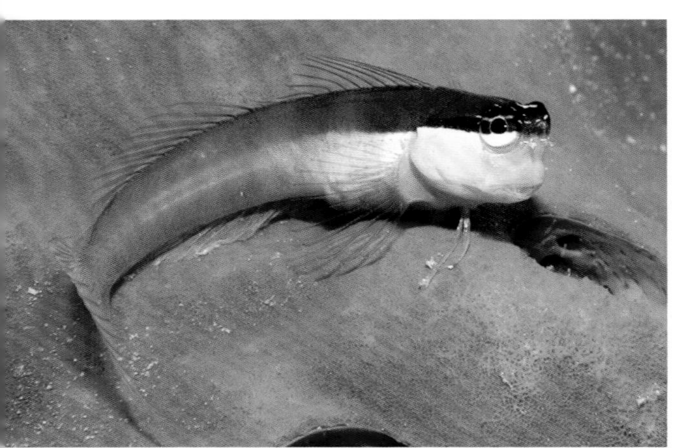

蓝腹异齿鳚

Ecsenius shirleyae

通体呈浅棕色，自眼后至身体中部有一条白色条纹，另有两条黄色条纹穿眼而过。

体长　4 cm

生活习性　栖息于珊瑚礁区，栖息深度为 2~15 m。

分布　印度尼西亚

眼点异齿鳚

Ecsenius stigmatura

尾柄上有一块白缘黑斑，虹膜呈黄色，眼周有一圈橙色条纹。

体长　5 cm

生活习性　栖息于珊瑚丰富的潟湖和外礁区，栖息深度为 3~30 m。大多数有点儿胆小，常聚成松散的群活动；有些个体特别活跃，通常单独活动。

分布　马鲁古群岛、拉贾安帕群岛和菲律宾

八重山岛异齿鳚
Ecsenis yaeyamaensis

眼后有两排断断续续的深色斑纹，下颌上有黑色条纹。

体长 6 cm

生活习性 栖息于潟湖和外礁区，栖息深度为 3~15 m。通常在珊瑚附近活动。大多数时候在洞外游动，遇到危险时会逃回洞中。

分布 从斯里兰卡至日本西南部、中国台湾和瓦努阿图

缝凤鳚
Crossosalarias macrospilus

第一背鳍前方有一块明显的斑，多呈橄榄绿色或棕色。

体长 8 cm

生活习性 栖息于珊瑚丰富的潟湖和外礁区，栖息深度为 1~25 m。不怎么胆小。

分布 从印度尼西亚至日本西南部、帕劳、汤加以及澳大利亚大堡礁

短豹鳚
Exallias brevis

体表有许多红棕色斑点。

体长 14 cm

生活习性 栖息于珊瑚丰富的礁区，栖息深度为 0.3~20 m。常在轴孔珊瑚和杯形珊瑚等短枝珊瑚枝杈间捕食珊瑚虫。生性胆小，在感到不安时会迅速逃到珊瑚枝杈间以寻求庇护。雄鱼具有领地意识，并且负责护卵（卵通常产在珊瑚底部）。

分布 从红海、非洲东岸至日本西南部、夏威夷群岛和法属波利尼西亚

纵带盾齿鳚

Aspidontus taeniatus

鼻部突出，伸至口外。

体长 12 cm

生活习性 栖息于潟湖和外礁遮蔽区，栖息深度为1~25 m。一般是裂唇鱼（第 198 页）的拟态对象，会咬食其他鱼类的皮肤碎屑、鳍或鳞。白天常躲在小洞中并从中向外张望。

分布 从红海、非洲东岸至日本南部、澳大利亚东南部和法属波利尼西亚

金鳍稀棘鳚

Meiacanthus atrodorsalis

前半身呈蓝灰色，向后逐渐过渡至黄色，自眼部斜向上至背鳍有一条窄条纹。

体长 11 cm

生活习性 栖息于潟湖和外礁区，栖息深度为 1~30 m。二色异齿鳚和云雀短带鳚的拟态对象，多在距海底一定距离的区域游动，捕食浮游动物和底栖无脊椎动物。

分布 从巴厘岛、澳大利亚西北部至菲律宾、日本西南部、澳大利亚大堡礁和萨摩亚群岛

黑带稀棘鳚

Meiacanthus grammistes

体表有 3 条黑色竖条纹，头部呈浅黄色，背鳍上有一排黑斑，尾部也有黑斑。

体长 12 cm

生活习性 栖息于潟湖和礁坡遮蔽区，栖息深度为1~25 m。较常见，不怎么胆小。

分布 从印度尼西亚至日本西南部、所罗门群岛和澳大利亚大堡礁

黑纹稀棘鳚

Meiacanthus nigrolineatus

前半身呈浅蓝灰色，向后逐渐过渡至浅黄色，一条黑色条纹经眼后一直延伸至尾部。

体长 10 cm

生活习性 栖息于岸礁和海湾遮蔽区，栖息深度为1~25 m。大多紧贴着珊瑚或海底活动。长有毒牙，因此很少被搅扰。

分布 红海和亚丁湾

粗吻短带鳚

Plagiotremus rhinorhynchos

体表呈浅棕色或深褐色，有两条蓝色条纹。

体长 12 cm

生活习性 栖息于珊瑚丰富、水质清澈的潟湖和外礁区，栖息深度为 1~40 m。会快速咬食其他鱼类的皮肤碎屑、鳞或鳍。幼鱼会模仿裂唇鱼。感到不安时会逃进小岩石洞或空虫洞中，雌鱼也会在这些地方产卵，雄鱼护卵。

分布 从红海、非洲东岸至日本南部、莱恩群岛、澳大利亚东南部和法属波利尼西亚

右图 有些个体通体呈黄色，体表有两条蓝色条纹。

窄体短带鳚

Plagiotremus tapeinosoma

体侧有成排的深色横条纹。

体长 14 cm

生活习性 栖息于潟湖和外礁区，栖息深度为 1~20 m。多在海底上方一定距离的区域蜿蜒游动，会快速咬食其他鱼类的皮肤碎屑、鳞或鳍，感到不安时会躲进岩石洞或空虫洞中。

分布 从红海、非洲东岸至日本南部、莱恩群岛和法属波利尼西亚

短头跳岩鳚

Petroscirtes breviceps

体色从前往后由浅黄色过渡至浅白色，体表有 3 条深色条纹。

体长 12 cm

生活习性 栖息于礁石遮蔽区，栖息深度为 1~15 m。偏爱在泥沙地或海藻丛单独、成对或聚成小群活动。与黑带稀棘鳚这种有毒的鱼相似，会利用这一点抵御捕食者。在感到不安时会躲进小岩石洞、空虫洞和窄口玻璃瓶中。

分布 从非洲东岸至日本西南部、雅浦岛、所罗门群岛和新喀里多尼亚

三鳍鳚科

Tripterygiidae

三鳍鳚科因所属的鱼都长有 3 个背鳍而得名，但潜水员很难通过这一特征来识别它们，因为它们的 3 个背鳍排列得非常紧密。这些底栖鱼最常出现在亚热带和温带海域，比如地中海。除了纵带弯线鳚外，潜水员在珊瑚礁中很少能看到它们的身影。此外，该科的所有鱼体长通常小于 5 cm，它们以小型底栖无脊椎动物为食。

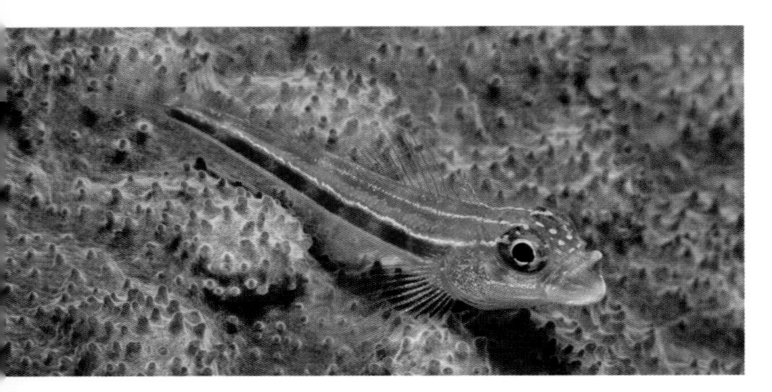

纵带弯线鳚

Helcogramma striata

体表有 3 条白色条纹，额部有一些斑点。

体长　5 cm

生活习性　栖息于潟湖和外礁区，栖息深度为 5~25 m。常见种，不怎么胆小。常在珊瑚、海绵和岩石附近单独或集群活动。

分布　从安达曼海至日本西南部、密克罗尼西亚和澳大利亚

火神弯线鳚

Helcogramma vulcana

雄鱼通体呈浅红棕色，头部下半部分颜色较深，眼下有白色或浅蓝色竖条纹，胸鳍基部有蓝白色斑点。

体长　4 cm

生活习性　栖息于水深仅几米的硬底质区。

分布　从巴厘岛至印度尼西亚东部海域

左图　雌鱼体侧有好几排的深色斑块。

花斑连鳍䲗

Synchiropus splendidus

体表底色为橙色，有不少绿色或蓝色波状条纹。

体长 6 cm

生活习性 在一些海域比较常见，栖息深度为 2~20 m。通常聚成小群藏在密布沙砾的软底质区或珊瑚枝杈间。夜幕降临时，成对的花斑连鳍䲗会通过身体相互接触来互动，并向更开阔的水域游动，从而完成交配。极其胆小，被潜水员的手电筒照到后会迅速逃进庇护所。

分布 从印度尼西亚至菲律宾、日本西南部、加罗林群岛、巴布亚新几内亚和新喀里多尼亚

䲗科

Callionymidae

䲗科可谓一个大家族，有近 125 种鱼，其中大多数物种的体长不足 10 cm。䲗科的所有鱼均为底栖鱼，大多生活在泥沙地上，也有一些离不开硬底质区。它们主要以小型底栖无脊椎动物为食。其中许多物种体色与地面颜色相近，以更好地伪装自己。通常来说，雄鱼体色更丰富，且第一背鳍更大、颜色更深。在交配之前，雄鱼会策划求爱仪式。

绣鳍连鳍䲗

Synchiropus picturatus

体表底色为浅棕色或深绿色，有许多很大的橙缘深色斑。

体长　6 cm

生活习性　栖息于岸礁遮蔽区，栖息深度为 1~10 m。偏爱在粗砾石和珊瑚石等硬底质区活动，爱将自己藏起来。

分布　从加里曼丹岛至印度尼西亚东部、澳大利亚西北部和菲律宾

指脚䲗

Dactylopus dactylopus

腹鳍第一鳍条翘立（呈指状），可用于爬行。雄鱼背鳍前侧的鳍条较长，上面有一块蓝斑。

体长　15 cm

生活习性　栖息于岸礁泥沙地遮蔽区，栖息深度为 2~55 m。通常单独或成对活动，白天常将身体局部埋在泥沙中。

分布　从安达曼海至日本西南部、菲律宾、帕劳、印度尼西亚东部和澳大利亚北部

左图　雌鱼体表有不少深浅不一的棕色斑点或大理石斑纹。

基氏指脚䲗

Dactylopus kuiteri

第一背鳍竖得很高，像一面旗帜，基部有一块大眼斑。臀鳍呈浅蓝黑色，上面有亮蓝色斑点。尾鳍上有黄斑和蓝斑。

体长　15 cm

生活习性　栖息于岸礁泥沙地遮蔽区，栖息深度为 2~40 m。通常单独或成对活动。

分布　从巴厘岛至印度尼西亚东部和菲律宾

眼斑连鳍䲗

Neosynchiropus ocellatus

体表浅绿色或浅棕色的斑纹是它们最好的伪装。头部有很小的蓝色斑点，鳃盖基部有一个蓝、白、赭三色徽章图案。

体长　7 cm

生活习性　栖息于水深不超过 25 m 处的泥地平坦地带，通常单独或聚成松散的小群活动。

分布　从印度尼西亚东部至日本西南部、菲律宾、密克罗尼西亚、澳大利亚大堡礁和法属波利尼西亚

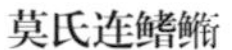

莫氏连鳍䲗

Synchiropus morrisoni

雄鱼体表呈红色，有很小的蓝色斑点，胸鳍基部有一块黑斑。

体长　5 cm

生活习性　栖息于外礁区，栖息深度为 8~30 m。常在长有海草的岩石地或沙砾地附近活动。

分布　从澳大利亚西澳大利亚州至斐济、萨摩亚群岛和密克罗尼西亚

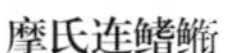

摩氏连鳍䲗

Synchiropus moyeri

成鱼体表底色为浅白色，上面有不规则的红色齿状斑。雌鱼（右图）的胸鳍和腹鳍呈黄色，略透明。雄鱼的第一背鳍较大，像一面旗帜。

体长　7 cm

生活习性　栖息于长有海草的岩石地或沙砾地，栖息深度为 5~30 m。通常单独或聚成小群活动。

分布　从印度尼西亚至日本西南部、帕劳、所罗门群岛和澳大利亚大堡礁

右图　幼鱼眼周有红色条纹，体表有很多大白斑。

鳍塘鳢科
Ptereleotridae

鳍塘鳢科鱼体形修长，口向上倾斜，有两个背鳍。它们多栖息于沙地、沙砾地、碎石地或泥地，通常成对活动，也有一些聚成或大或小的群活动。它们从不远离庇护所，在遇到危险时会很快躲进庇护所，以悬浮在海底上方、随水流漂来的浮游动物为食。

黑尾鳍塘鳢
Ptereleotris evides

成鱼前半身呈蓝白色，后半身呈浅黑色。

体长　14 cm

生活习性　栖息于水质清澈的潟湖和外礁坡，栖息深度为 2~25 m。通常成对在海底上方 2 m 左右的区域活动，在被接近时会向远处游去，而不是逃进洞穴。以浮游动物为食，幼鱼集群活动。

分布　从红海、非洲东岸至日本西南部、密克罗尼西亚、澳大利亚东南部和法属波利尼西亚

大口线塘鳢

Nemateleotris magnifica

前半身呈白色，后半身呈橙红色，尾柄颜色较深。

体长　8 cm

生活习性　栖息于外礁坡，栖息深度为 5~60 m。成鱼多成对在沙砾地上方半米的区域漂游，以浮游动物为食，常上下弹动第一背鳍棘。

分布　从非洲东岸至日本西南部、夏威夷群岛、新喀里多尼亚和法属波利尼西亚

尾斑鳍塘鳢

Ptereleotris heteroptera

体表呈浅蓝绿色，尾部呈黄色且有一块黑斑。

体长　12 cm

生活习性　栖息于潟湖和外礁区，栖息深度为 7~46 m。成鱼常成对活动，幼鱼则集群活动。通常在沙砾地上方不超过 3 m 的区域游动，捕食浮游动物。

分布　从红海、非洲东岸至日本西南部、密克罗尼西亚、澳大利亚东南部和法属波利尼西亚

蓝梳窄颅塘鳢

Oxymetopon cyanoctenosum

体表呈浅蓝色，体侧有深蓝色竖条纹。

体长　12 cm

生活习性　栖息于海湾和岸礁沙地遮蔽区，栖息深度为 8~25 m。

分布　广泛分布于西太平洋海域

虾虎鱼科
Gobiidae

虾虎鱼科是海洋中最大的鱼类家族，大约有220个属，共计1500多个物种。它们身体长长的，呈圆柱状，通常待在海底或短暂地悬停在海底上方。它们开辟出了不同的栖息地，在沙地上尤其常见——其中许多物种与枪虾共生，共享洞穴。也有一些物种栖息在鹿角珊瑚或柳珊瑚枝杈间（叶虾虎鱼属和副叶虾虎鱼属鱼主要栖息在鹿角珊瑚枝杈间，珊瑚虾虎鱼属鱼主要栖息在柳珊瑚枝杈间，偶尔栖息在鹿角珊瑚枝杈间）。虾虎鱼科鱼大多单独或成对活动。马尔代夫附近海域体长仅8 mm的微虾虎鱼是世界上最小的脊椎动物之一。

红带钝塘鳢
Amblyeleotris aurora

体表底色为奶油色，上面有数条橙棕色条纹，尾鳍呈黄色且有不少蓝缘红斑。

体长　10 cm

生活习性　栖息于海湾和外礁沙地，栖息深度为5~40 m。通常单独或成对活动，与红纹枪虾共享洞穴。

分布　从非洲东岸至马尔代夫、塞舌尔和安达曼海

网鳍钝塘鳢

Amblyeleotris arcupinna

体表底色为奶油色，上面有 5 条橙棕色条纹，条纹间有深色斑点。

体长　8 cm

生活习性　栖息于礁区沙地和砾石地遮蔽区，常与老虎枪虾共享洞穴。

分布　从巴厘岛至拉贾安帕群岛、巴布亚新几内亚、所罗门群岛和斐济

福氏钝塘鳢

Amblyeleotris fontanesii

体表底色为浅白色，上面有 5 条棕色条纹。头部有一些橙色斑点。成鱼体长较长，这是它们与其他体色类似的鱼最大的区别。

体长　约 18 cm

生活习性　栖息于潟湖和岸礁的泥沙地遮蔽区，栖息深度为 3~30 m。

分布　从苏门答腊岛、泰国湾至日本西南部、帕劳和巴布亚新几内亚

点纹钝塘鳢

Amblyeleotris guttata

体表底色为浅色，上面有橙色斑点。腹鳍基部前后均有黑色斑块，胸鳍前后各有一条黑色条纹。

体长　9 cm

生活习性　栖息于水质清澈的潟湖和外礁细沙砾地，栖息深度为 3~35 m。与细纹枪虾互利共生，共享沙地上的洞穴。

分布　从菲律宾至日本西南部、密克罗尼西亚、印度尼西亚东部、澳大利亚和萨摩亚群岛

裸头钝塘鳢

Amblyeleotris gymnocephala

体表底色为浅白色，上面有 5 条棕色横条纹，条纹与条纹之间有棕色斑纹，自眼后缘至第一条条纹之间常有一条棕色竖条纹。

体长　10 cm

生活习性　栖息于潟湖和外礁沙地，栖息深度为 3~35 m。与细纹枪虾互利共生，共享沙地上的洞穴。

分布　从澳大利亚西北部、印度尼西亚东部至菲律宾以及马绍尔群岛

圆眶钝塘鳢

Amblyeleotris periophthalma

体表有五六条或浅或深的橙棕色横条纹，条纹和条纹之间有橙棕色斑纹，头部有深色缘橙斑。

体长　10 cm

生活习性　栖息于潟湖和外礁沙砾地，栖息深度为 3~30 m。与细纹枪虾互利共生，共享沙地上的洞穴。

分布　从非洲东岸至日本西南部、密克罗尼西亚、澳大利亚大堡礁和萨摩亚群岛

兰道氏钝塘鳢

Amblyeleotris randalli

体表特征明显：有六七条橙色横条纹，其中第一背鳍上有一块浅色缘眼斑。

体长　9 cm

生活习性　常栖息于悬垂物下和水质清澈的外礁区，栖息深度为 10~50 m。与耶达枪虾、细纹枪虾等枪虾互利共生。

分布　从印度尼西亚、菲律宾至日本西南部、帕劳和斐济

史氏钝塘鳢

Amblyeleotris steinitzi

体表呈浅白色，有 5 条棕色横条纹，背鳍上有黄色小斑点。

体长 8 cm

生活习性 栖息于潟湖和外礁沙地，栖息深度为 6~30 m。在一些海域比较常见，但生性胆小，与各种枪虾（如耶达枪虾）共生。

分布 从红海、非洲东岸至日本西南部、密克罗尼西亚、澳大利亚大堡礁和萨摩亚群岛

威氏钝塘鳢

Amblyeleotris wheeleri

体表有 6 条红色或棕红色横条纹，条纹与条纹之间布满了浅黄色和浅蓝色斑点。

体长 10 cm

生活习性 栖息于水质清澈的潟湖和外礁沙地，栖息深度为 3~30 m。在一些海域比较常见，与各种枪虾（如耶达枪虾、细纹枪虾）共生。

分布 从红海、非洲东岸至日本西南部、马绍尔群岛、澳大利亚大堡礁和斐济

亚诺钝塘鳢

Amblyeleotris yanoi

体表有边缘不甚清晰的浅棕色或橙色横条纹，尾鳍极其醒目：橙黄相接，上面还有蓝色条纹。

体长 13 cm

生活习性 栖息于潟湖和外礁区，栖息深度为 3~30 m。与兰道氏枪虾共生。

分布 从巴厘岛、弗洛勒斯岛至日本西南部、帕劳和所罗门群岛

横带连膜虾虎鱼

Stonogobiops dracula

体表有 4 条黑色横条纹，其中第二条向上延伸至第一背鳍后缘，黑色横条纹之间有浅棕色窄条纹。

体长　6 cm

生活习性　栖息于近礁沙砾地遮蔽区，栖息深度为 6~40 m。通常单独或成对活动，极其胆小。常与兰道氏枪虾共生。

分布　塞舌尔和马尔代夫

丝鳍连膜虾虎鱼

Stonogobiops nematodes

头部呈黄色，体表有 4 条深色条纹，其中前 3 条斜向分布。第一背鳍长有长长的黑色鳍条。

体长　6 cm

生活习性　栖息于潟湖和外礁沙坡，栖息深度为 5~40 m。通常成对在与兰道氏枪虾共享的洞穴入口附近活动。

分布　从安达曼海、印度尼西亚至菲律宾、帕劳、澳大利亚东部和萨摩亚群岛

尾斑钝虾虎鱼

Amblygobius phalaena

体色可由极浅的颜色变为橄榄棕色甚至黑棕色，头部上侧有红斑。第一背鳍上有深色斑。

体长　14 cm

生活习性　栖息于礁区沙砾地遮蔽区，栖息深度为 2~20 m。通常单独或成对活动，躲在自行挖掘的石块下或岩石后的洞穴中。

分布　从科科斯群岛至日本西南部、密克罗尼西亚和法属波利尼西亚

剑星塘鳢

Asterropteryx ensifera

体表呈深棕色或者浅黑色，体侧和背鳍基部均有成排的亮蓝色斑点。

体长　3.5 cm

生活习性　栖息于水流强劲的大片砾石地，栖息深度为 5~40 m。常倾斜着身体紧贴海底漂游。

分布　从红海至日本西南部、马绍尔群岛、澳大利亚大堡礁和法属波利尼西亚

漂游珊瑚虾虎鱼

Bryaninops natans

虹膜呈亮紫色，腹部呈浅黄色，略透明。

体长　2.5 cm

生活习性　栖息于潟湖和外礁区，栖息深度为 7~25 m。常紧贴枝状珊瑚漂游，偶尔会在上面休息。多聚成小群活动。

分布　从红海至日本西南部、密克罗尼西亚、澳大利亚大堡礁和库克群岛

勇氏珊瑚虾虎鱼

Bryaninops yongei

身体透明，锈棕色斑块清晰可见。

体长　3.5 cm

生活习性　栖息于水流强劲的外礁坡，栖息深度为 3~50 m。仅在卷曲的蛇形鞭角珊瑚（*Cirripathes anguinea*）上生活。通常成对在珊瑚上方活动，有时也会带着幼鱼一起活动。

分布　从红海至日本西南部、夏威夷群岛、澳大利亚大堡礁和法属波利尼西亚

下斑纺锤虾虎鱼

Fusigobius inframaculatus

身体半透明，体表遍布橙斑。尾鳍基部有一块黑斑，黑斑前有一块白斑，第一背鳍的第一鳍棘较长。

体长 7 cm

生活习性 栖息于外礁沙地或沙化的珊瑚石，栖息深度为 5~20 m。会吞入沙子以滤食其中的小型无脊椎动物。

分布 从印度尼西亚至关岛、澳大利亚大堡礁、所罗门群岛和汤加

黑点鹦虾虎鱼

Exyrias belissimus

体表有不少宽条纹，其中有些条纹的颜色逐渐与鱼的体色融为一体。背鳍高竖，上面有一些斑纹。

体长 13 cm

生活习性 栖息于水质混浊的海湾、岸礁和外礁泥沙地，栖息深度为 1~20 m。胆子比较大。会吞入细沙以滤食其中的小型无脊椎动物。

分布 从红海、非洲东岸至日本西南部、密克罗尼西亚、澳大利亚大堡礁和萨摩亚群岛

橙色叶虾虎鱼

Gobiodon citrinus

眼下方及后方各有一对浅蓝色条纹。

体长 6.5 cm

生活习性 栖息于珊瑚丰富的礁石遮蔽区，栖息深度为 1~20 m。大小不一的个体常聚成松散的小群在鹿角珊瑚或轴孔珊瑚上方活动。

分布 从红海、非洲东岸至日本南部、澳大利亚大堡礁和萨摩亚群岛

眼带鳚虾虎鱼

Gunnellichthys curiosus

体表有橙色竖条纹，尾部有一块黑斑。

体长 12 cm

生活习性 栖息于水深 7~60 m 处的沙砾地。会紧贴海底随波漂浮或游动，警惕心极强，生性胆小，在感到不安时会一头躲入狭窄的洞穴中。

分布 从马达加斯加、塞舌尔至菲律宾、帕劳、夏威夷群岛和法属波利尼西亚

华丽衔虾虎鱼

Istigobius decoratus

体表底色为浅白色，上面有不少深色斑纹，这些斑纹组成了网格图案。

体长 12 cm

生活习性 栖息于外礁、海湾和潟湖遮蔽区，栖息深度为 1~20 m。能从沙中滤食小型无脊椎动物。通常单独活动，胆子比较大，觅食时常待在沙地上休息一会儿。

分布 从红海、非洲东岸、马达加斯加至中国台湾和新喀里多尼亚

海氏库曼虾虎鱼

Koumansetta hectori

体表底色很深，上面有黄色竖条纹，第一背鳍和尾鳍基部各有一块黑斑，第二背鳍上有一块眼斑。

体长 6 cm

生活习性 栖息于潟湖和外礁区，栖息深度为 3~25 m。具有领地意识，常在礁石遮蔽区占据一小块沙地作为领地。大多单独活动，常出现在悬垂物下方。

分布 从红海、非洲东岸至日本西南部以及加罗林群岛

雷氏库曼虾虎鱼

Koumansetta rainfordi

体表有 5 条深色缘橙色竖条纹，背部有一排白斑，背鳍上有一块眼斑，尾鳍基部有一块黑斑。

体长 6 cm

生活习性 栖息于海湾和外礁区的珊瑚及珊瑚石上方，栖息深度为 3~30 m。

分布 从澳大利亚西北部、印度尼西亚、菲律宾至马绍尔群岛、澳大利亚大堡礁和斐济

棘头副叶虾虎鱼

Paragobiodon echinocephalus

身体中后部呈黑色，头部呈红色且密布皮质棘突，因此整体给人一种毛毛刺刺的感觉。有些个体头部或全身呈黄绿色。

体长 3.5 cm

生活习性 与同属的鱼一样栖息于杯形珊瑚、列孔珊瑚和柱状珊瑚等短枝珊瑚枝杈间，常聚成小群活动，栖息深度基本不超过 10 m。

分布 从红海、非洲东岸至日本西南部和法属波利尼西亚

双睛护稚虾虎鱼

Signigobius biocellatus

背鳍上有两块大眼斑，眼下方有一条绿棕色横条纹。易辨识，不易与其他鱼相混淆。

体长 6.5 cm

生活习性 栖息于岸礁、潟湖和海湾泥沙地遮蔽区，栖息深度为2~30 m，多紧贴泥沙地漂游，会吞入沙子以滤食其中的小型动物。

分布 从印度尼西亚至菲律宾、帕劳、澳大利亚大堡礁以及瓦努阿图

巴布亚沟虾虎鱼

Oxyurichthys papuensis

体侧有成排形状不规则的黄棕色斑块。

体长 18 cm

生活习性 栖息于海湾和海岸遮蔽区，栖息深度为 1~50 m。会占据泥地上的洞穴，但在感到不安时也能一头钻入泥地中。

分布 从红海至日本西南部、密克罗尼西亚和新喀里多尼亚

双带凡塘鳢

Valenciennea helsdingenii

体表有两条红棕色竖条纹，第一背鳍上有一块大黑斑。

体长 15~20 cm

生活习性 栖息于水深 3~40 m 处的细沙地或沙砾地，能用嘴在沙地中挖洞。

分布 从红海、非洲东岸至日本西南部、帕劳和马克萨斯群岛

大鳞凡塘鳢

Valenciennea puellaris

颊部有浅蓝色斑点，体表有橙黄色斑块。体色会根据环境发生变化，深浅不一。

体长　15 cm

生活习性　栖息于水质清澈的潟湖、海湾和外礁区，栖息深度为 3~30 m。会在沙地上的小石头后方挖掘洞穴，大多成对在洞穴入口处活动。会吞入沙子以滤食其中的小型无脊椎动物。

分布　从红海至马达加斯加、日本南部、帕劳和萨摩亚群岛

六斑凡塘鳢

Valenciennea sexguttata

第一背鳍上部有一块黑斑，颊部有浅蓝色斑点。

体长　14 cm

生活习性　栖息于海湾、潟湖和岸礁泥沙地遮蔽区，栖息深度为 1~10 m。成鱼总是成对在石头后方或珊瑚石下方自行挖掘的洞穴中活动或休息。

分布　从红海、非洲东岸至日本西南部、马绍尔群岛、莱恩群岛和汤加

红带范氏塘鳢

Valenciennea strigata

头部呈黄色，有一条蓝绿色条纹。

体长　18 cm

生活习性　多栖息于水质清澈的潟湖和外礁，偏爱在沙砾地和硬底质区活动，栖息深度为 1~20 m。遵循一夫一妻制，夫妻共享洞穴，且几乎总是成对在距离海底一定距离的区域活动。

分布　从非洲东岸至日本西南部、密克罗尼西亚、莱恩群岛、澳大利亚东南部和法属波利尼西亚

魣科

Sphyraenidae

魣科鱼都是活跃而强大的捕食者，它们的捕食对象种类繁多。凭借有力的下颌和锋利的牙齿，它们轻轻松松就能将一条与自身体形相当的鱼咬成两半。面对猎物，该科鱼擅长短途追捕并快速下手，长途捕猎不是它们的强项。幼鱼和一些物种的成鱼有时聚成大群活动。它们分布于全球热带和亚热带海域。该科鱼名声不佳，这种坏名声来得毫无根据，因为它们极少攻击人类，即使攻击，它们也只是在场面混乱、人类主动喂食或在感觉受到威胁进行自卫的时候发起。

大魣

Sphyraena barracuda

尾鳍上常有两块大黑斑，两端呈白色，体表常有若干深色斑点。

体长　180 cm

生活习性　栖息于潟湖、海湾、外礁区和河流三角洲，栖息深度为 1~100 m，大多在水深不超过 20 m 的地方活动。常一动不动地停留在近礁附近的开放水域。幼鱼多集群活动，成鱼多单独活动。对外界极其好奇，允许潜水员靠近。

分布　热带海域

斑条魣

Sphyraena jello

尾鳍呈浅黄色，体表有略微弯曲的条纹。

体长 150 cm

生活习性 栖息于潟湖深水域和水流丰富的外礁突出部分。不常见，有时会出现在混浊水域。通常单独或聚成小群活动。

分布 从红海、波斯湾、非洲东岸至日本西南部、斐济和汤加

暗鳍魣

Sphyraena qenie

体表有很多三角形斑纹，尾鳍颜色较深、内凹且边缘呈黑色。

体长 140 cm

生活习性 偏爱栖息于水流丰富的外礁区和潟湖深水域，栖息深度为 1~50 m。白天常聚成大群在特定区域漂游，有时连续数月都在同一片区域活动。夜晚四散开分头觅食。

分布 从红海、非洲东岸至巴拿马和法属波利尼西亚

黄尾魣

Sphyraena flavicauda

背部和尾部呈浅绿色，体表有浅绿色条纹。年长的成鱼体表底色多为银色，并且泛出浅色微光。

体长 40 cm

生活习性 栖息于潟湖深水域和外礁区。白天通常集群活动，夜晚则四散开来。

分布 从红海、非洲东岸至日本西南部、萨摩亚群岛和澳大利亚大堡礁

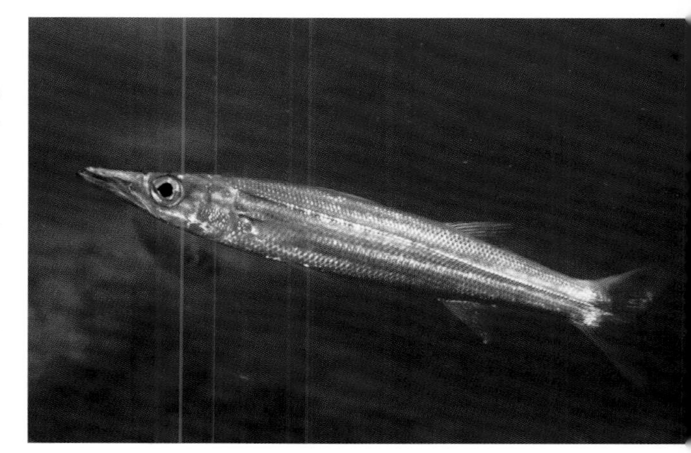

鲭科
Scombridae

鲭科鱼身体前部刚硬并呈纺锤形，尾部细长，尾鳍呈新月形。因此，该科的一些鱼游速极快，每小时最快能游95 km。它们通常不知疲倦地长途觅食，每天所吃食物的重量不超过体重的 1/4。几乎所有的硬骨鱼都是变温动物，只有少数种类的鱼可以保持身体局部恒温，比如一些种类的鲭科鱼。它们通过特殊的血管来温暖头部，这些血管能及时吸收游泳时肌肉产生的热量，避免热量在循环系统中通过鳃盖散出去。鲭科鱼因人类过度捕捞而越来越少，其中一些物种已经极度濒危。

裸狐鲣
Gymnosarda unicolor

背鳍和臀鳍尖端呈浅白色。

体长　200 cm

生活习性　栖息于潟湖深水域、礁道和外礁区，栖息深度为 1~100 m。通常单独或聚成小群在礁坡附近的开放水域活动。是迅猛的捕鱼者，以梅鲷科鱼等浮游生物食性的鱼为食。有时会好奇地游向潜水员，本种或许是该科在珊瑚礁附近最常见的鱼。

分布　从红海、阿曼湾、非洲东岸至日本西南部、密克罗尼西亚、新喀里多尼亚和法属波利尼西亚

康氏马鲛

Scomberomorus commerson

体表呈银色，有成排的波浪状横条纹。

体长 245 cm

生活习性 远洋鱼，栖息深度为1~200 m。会长途迁徙，偶尔会游到礁石附近。主要捕食沙丁鱼、鳀和梅鲷。

分布 从红海、非洲东岸至日本西南部、帕劳、澳大利亚东南部和斐济

羽鳃鲐

Rastrelliger kanagurta

胸鳍后方有一块黑斑。

体长 38 cm

生活习性 栖息于海湾、潟湖和外礁遮蔽区，栖息深度为1~70 m。通常聚成紧密的大群（下图）沿着礁石游动，并滤食水中的浮游生物。夜晚会被光吸引。

分布 从红海、非洲东岸至日本西南部、澳大利亚大堡礁和萨摩亚群岛

鲽形目
Pleuronectiformes

鲽形目鱼（比目鱼）成鱼身体不对称且极度扁平。它们在幼鱼阶段体形正常，但在成长过程中一只眼睛会向另一只眼睛移动，只有有眼睛的这侧身体有颜色，并可以根据周围环境快速改变颜色。鲽形目鱼都是以无脊椎动物和鱼为食的底栖捕食者，它们通常将身体埋在软底质区，只露出眼睛向外探望。

凹吻鲆

Bothus mancus

眼间距极大，体表有蓝色斑纹，有时会呈开口的环状。雄鱼胸鳍棘较长。

体长　42 cm

生活习性　栖息于水深 0.5~80 m 的沙地和硬底质区。

分布　从红海、非洲东岸至日本西南部、密克罗尼西亚、夏威夷群岛和迪西岛

豹纹鲆

Bothus pantherinus

眼间距极小。

体长　39 cm

生活习性　栖息于水深 1~60 m 的软底质区和砾石地。雄鱼会在求偶、感到不安或捍卫领地时竖起胸鳍棘。常在礁石上方活动。

分布　从红海、非洲东岸至日本南部和法属波利尼西亚

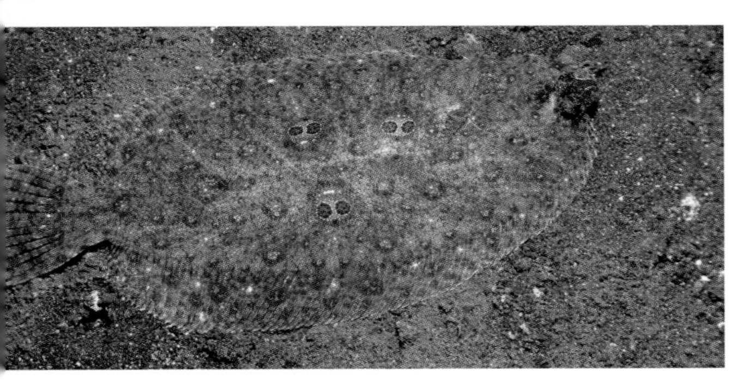

双瞳斑鲆

Pseudorhombus dupliciocellatus

体表有 2~4 对眼斑。

体长　40 cm

生活习性　栖息于沿海附近的泥沙地，栖息深度为 5~150 m，多在深水域活动。以鱼和小型底栖无脊椎动物为食。

分布　从安达曼海至菲律宾、日本南部、澳大利亚北部和印度尼西亚东部

石纹豹鳎
Pardachirus marmoratus

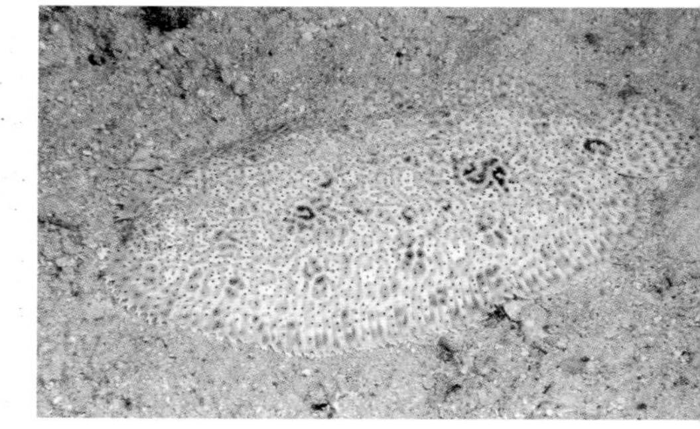

体表有浅色斑纹和许多黑色小斑点。
体长 26 cm
生活习性 栖息于水深 1~15 m 的近礁沙地，多将身体大部分埋于沙中。胸鳍和臀鳍能分泌奶一样的毒汁。
分布 从红海、波斯湾、非洲东岸至斯里兰卡

眼斑豹鳎
Pardachirus pavoninus

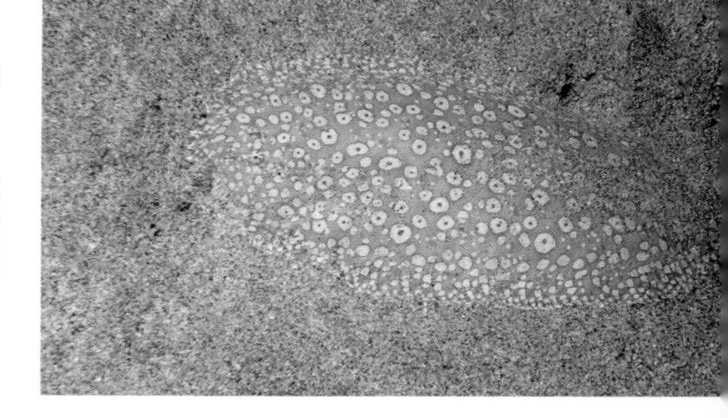

体表有许多大小不一的浅色斑纹，其中较大的斑纹中间往往有深色斑点。
体长 30 cm
生活习性 栖息于水深 1~40 m 的近礁泥沙地。通常将身体埋于泥沙地中，仅露出眼睛和鼻孔。主要以底栖无脊椎动物为食。背鳍和臀鳍能分泌奶一样的毒汁。
分布 从斯里兰卡至日本南部和汤加

异吻长鼻鳎
Soleichthys heterorhinos

体表有深色横条纹，鳍边缘常呈浅蓝色。
体长 16 cm
生活习性 栖息于水深 1~15 m 的近礁沙地，较少出现在硬底质区。夜晚会在沙地上方不远处游动。有时幼鱼会利用鳍边缘呈蓝色这一体表特征来模仿有毒的扁形动物。
分布 从红海、非洲东岸至日本南部、马绍尔群岛、澳大利亚东南部和萨摩亚群岛

线纹条鳎
Zebrias fasciatus

体表底色为灰棕色，上面有颜色更深的横条纹，也常有一些分散的浅色斑纹。尾部呈黑色并有黄斑，斑的边缘常呈蓝色。
体长 25 cm
生活习性 栖息于沿海、海湾和河口湾泥沙地遮蔽区，栖息深度为 5~25 m。夜行鱼。
分布 从印度尼西亚至菲律宾、中国和韩国

白鲳科
Ephippidae

燕鱼
Platax teira

背鳍和臀鳍极宽，胸鳍斜下方有一块黑斑。

体长 60 cm

生活习性 偏爱栖息于潟湖深水域、海湾和外礁坡，栖息深度为 2~30 m。常聚成大群活动，偶尔单独或聚成小群活动。本种的幼鱼偏爱在有遮蔽区的礁区浅水域活动，比该科其他鱼的幼鱼更常见。

分布 从红海、非洲东岸至日本西南部、科斯雷岛、澳大利亚大堡礁和斐济

左图 幼鱼高约 14 cm，背鳍、臀鳍和腹鳍极长。这种大小的鱼多见于珊瑚礁遮蔽区。

波氏燕鱼

Platax boersii

头部略呈拱形。

体长　40 cm

生活习性　偏爱栖息于潟湖深水域和外礁区，栖息深度为 2~30 m。通常聚成大群活动，偶尔单独或成对活动，大多在礁石陡坡附近活动。

分布　从红海、非洲东岸至日本西南部、帕劳、所罗门群岛和澳大利亚大堡礁

印度尼西亚燕鱼

Platax batavianus

腹部常有黑色斑点。

体长　50 cm

生活习性　栖息于潟湖和岸礁遮蔽区，栖息深度为 5~45 m。大多单独或聚成松散的小群在礁石陡坡附近活动，罕见。幼鱼体表有黑白相间的条纹，胸鳍、臀鳍和腹鳍较长。

分布　从马来西亚至澳大利亚北部和巴布亚新几内亚

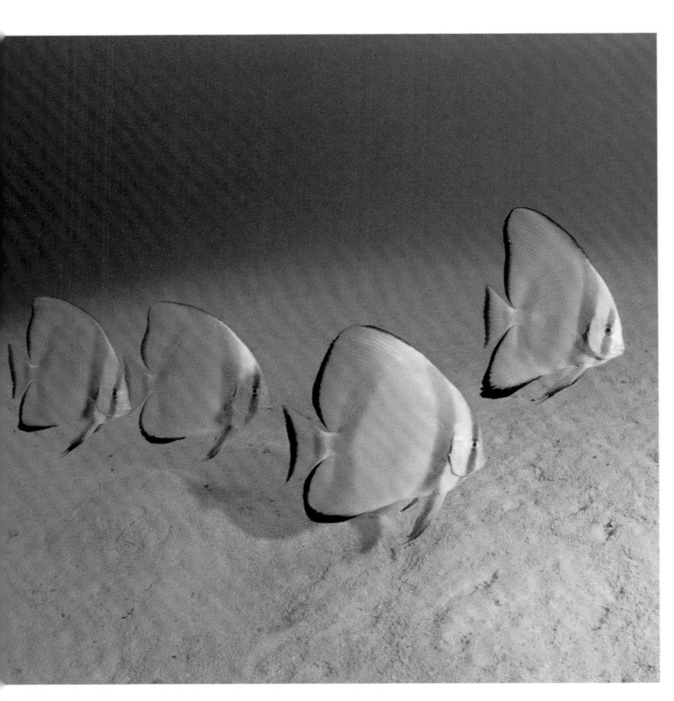

圆燕鱼

Platax orbicularis

胸鳍呈浅黄色。

体长 50 cm

生活习性 偏爱栖息于潟湖深水域和外礁区，栖息深度为 2~35 m。通常成对或集群活动，常沿着陡峭的岩坡或在潟湖深处和海湾开阔处游动。

分布 从红海、非洲东岸至日本西南部、密克罗尼西亚、新喀里多尼亚和法属波利尼西亚

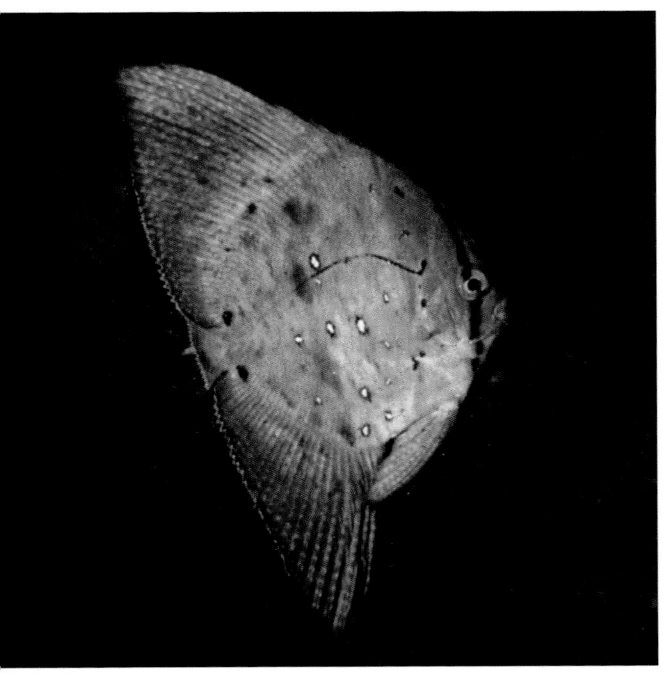

左图 幼鱼偏爱在有遮蔽区的浅水域甚至近岸的海湾附近活动，它们常通过改变体色和呈摇摆状或者漂浮状来模仿枯叶，有时也会侧躺在海底。图中的幼鱼高约 4 cm。

弯鳍燕鱼

Platax pinnatus

嘴外突，这是它们的标志性特征。

体长　35 cm

生活习性　栖息于外礁坡遮蔽区，栖息深度为 2~40 m。大多单独活动，偏爱在礁石的遮蔽区休息。

分布　从泰国、苏门答腊岛至日本西南部、帕劳、所罗门群岛、瓦努阿图和新喀里多尼亚

右图　幼鱼体表呈黑色，全身边缘呈亮橙色。有些人认为它们之所以长成这样，是为了模仿有毒的大型扁虫。它们生性胆小，大多数时候躲藏在洞穴和缝隙中以及悬垂物下。图中的幼鱼高约 9 cm。

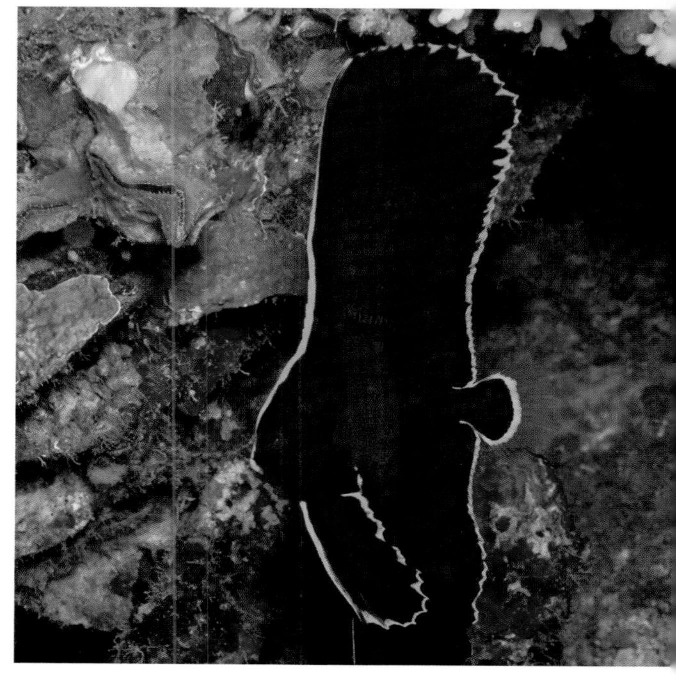

篮子鱼科
Siganidae

篮子鱼科鱼在白天很少休息，而是成对或聚成小群乃至更大的群——群体大小主要视物种而定——不知疲倦地在珊瑚礁和海草床附近觅食。该科大约有 30 种鱼，其中约有一半的鱼在幼鱼期集群活动，成熟后则开始成对活动；其他种类的鱼则一直过着群体生活（群体成员数量达数百）。该科鱼主要以海藻和海草为食，有些也会捕食海鞘、海绵等无脊椎动物。进食时，它们上唇更厚的小嘴会做出特定的笨拙的动作，这也是它们的别名——兔子鱼的由来。人们很难相信这些看起来无害的鱼鳍棘有毒，虽然这些鳍棘仅在它们防御时起作用，也只能让人疼痛。它们在夜晚会改变体色伪装自己并侧身躺在开阔地带。

银色篮子鱼

Siganus argenteus

尾鳍分叉明显且多呈浅蓝色。

体长 43 cm

生活习性 成鱼多栖息于外礁坡，栖息深度为 1~30 m。通常聚成小群活动，偶尔聚成大群穿梭于礁石间，偏爱在珊瑚、沙砾地混合区和海草床上活动。

分布 从红海、非洲东岸至日本西南部、澳大利亚大堡礁和法属波利尼西亚

凹吻篮子鱼

Siganus corallinus

体表呈黄色并有许多浅蓝色小斑点。

体长　30 cm

生活习性　成鱼多栖息于珊瑚丰富的潟湖和岸礁遮蔽区，栖息深度为 2~20 m。主要以海草幼体为食。幼鱼常在海草床上和鹿角珊瑚枝杈间活动。

分布　从塞舌尔至日本西南部、帕劳、关岛、澳大利亚大堡礁和新喀里多尼亚

褐篮子鱼

Siganus fuscescens

体表呈灰色并有许多浅蓝色或蓝白色小斑点，从额部经背部一直到尾部有一块浅绿色斑纹。

体长　30 cm

生活习性　栖息于珊瑚丰富的海湾和潟湖，偶尔出现在外礁坡，栖息深度为 1~10 m。幼鱼集群活动，成鱼聚成小群或成对活动。

分布　从安达曼海至日本西南部、密克罗尼西亚、澳大利亚、瓦努阿图和新喀里多尼亚

星斑篮子鱼

Siganus guttatus

体表有许多橙黄色斑纹，背鳍基部有一块金黄色的大斑。

体长　40 cm

生活习性　栖息于潟湖，岸礁区和珊瑚、岩石地混合区，栖息深度为 2~30 m。常聚成小群活动，有时也成对活动。偏爱在珊瑚丰富的海域和沙地上方游动。

分布　从安达曼海至日本西南部、帕劳、巴厘岛和西伊里安

爪哇篮子鱼

Siganus javus

尾鳍呈深灰色或黑色，背部有许多浅色斑点，腹部有少量竖条纹，有些个体体侧布满竖条纹。

体长　53 cm

生活习性　栖息于沿海珊瑚礁区和岩礁区，也会出现在河口湾和红树林附近，栖息深度为 1~15 m。

分布　从波斯湾至安达曼海、菲律宾、澳大利亚东北部和瓦努阿图

截尾篮子鱼

Siganus luridus

体表呈浅橄榄绿色或深棕色。

体长 24 cm

生活习性 栖息于潟湖、海湾和外礁遮蔽区，栖息深度为 2~18 m。通常单独或聚成小群在沙地或海草床上方游动，以海草幼体为食。

分布 从红海、波斯湾至莫桑比克和毛里求斯（也会经苏伊士运河迁徙至地中海）

眼带篮子鱼

Siganus puellus

体表呈黄色且有波浪状蓝色条纹和蓝色斑点，自额部至眼部有一条深灰色条纹，条纹上有黑色斑点。

体长 30 cm

生活习性 栖息于珊瑚丰富的礁区，栖息深度为 2~25 m。通常成对活动，以海鞘和海绵为食。

分布 从科科斯群岛至日本西南部、密克罗尼西亚、吉尔伯特群岛、澳大利亚大堡礁、瓦努阿图和新喀里多尼亚

斑篮子鱼

Siganus punctatus

体表有许多深色缘橙色斑点（在水下一定距离之外看的话，整体呈棕色）。

体长 35 cm

生活习性 栖息于潟湖和外礁区，栖息深度为 2~35 m。常在珊瑚和近礁沙地附近成对活动。

分布 从科科斯群岛、苏门答腊岛至日本西南部、密克罗尼西亚、澳大利亚和新喀里多尼亚

金带篮子鱼

Siganus rivulatus

体表呈浅橄榄色，有弯弯曲曲、时而断断续续的橙色条纹（近距离可见）。

体长 30 cm

生活习性 栖息于外礁和海湾遮蔽区，栖息深度为 1~15 m。通常聚成或大或小的群在珊瑚石、沙地和海草床附近活动。

分布 红海和亚丁湾（也会经苏伊士运河迁徙至地中海）

红海点篮子鱼

Siganus stellatus laqueus

体表（除背部）密布黑色斑点，似蜂窝，背部呈橄榄色，尾鳍边缘及背鳍后缘呈黄色。

体长　35 cm

生活习性　栖息于珊瑚丰富、水质清澈的海湾和外礁区，栖息深度为 1~35 m。成鱼几乎总是成对地在礁石间游动，以海草幼体为食。

分布　红海和亚丁湾

印度点篮子鱼

Siganus stellatus stellatus

体表（包括颈部和背部）底色为奶油色或浅棕色，密布黑色斑点。尾鳍边缘呈白色。

体长　35 cm

生活习性　栖息于潟湖和外礁区，栖息深度为 1~30 m。几乎总是成对地在珊瑚丰富的区域以及有海草和死珊瑚的礁区活动。

分布　从非洲东岸至马尔代夫、安达曼海和巴厘岛

蓝带篮子鱼

Siganus virgatus

头部有两条深色斜条纹，其中的一条横穿眼部，上半身有蓝色斑点。与体表有很窄的黄色横条纹的马来西亚篮子鱼相似。

体长　30 cm

生活习性　栖息于岩礁区和珊瑚礁区，栖息深度为 2~20 m。常成对或聚成小群活动。

分布　从印度至菲律宾、日本西南部、澳大利亚北部和西伊里安

狐篮子鱼

Siganus vulpinus

头部黑白相间，身体其余部位均呈黄色，与单斑篮子鱼相似，但后者体表多了一块大黑斑。

体长　24 cm

生活习性　栖息于珊瑚丰富的潟湖和外礁区，栖息深度为 2~30 m。幼鱼常躲在鹿角珊瑚枝杈间，成鱼多成对活动。

分布　从苏门答腊岛至中国台湾、吉尔伯特群岛、澳大利亚大堡礁和新喀里多尼亚

刺尾鱼科
Acanthuridae

刺尾鱼科下又分刺尾鱼属、鼻鱼属和多板盾尾鱼属等。该科的鱼尾部两端都有和手术刀一样锋利的骨质硬棘，因此有“外科医生”的美名（英文名为 Surgeonfish，其中 surgeon 是“外科医生”的意思）。刺尾鱼属鱼身体两侧各有一根暴露在外的硬棘，鼻鱼属鱼有一两根硬棘，多板盾尾鱼属鱼身体每侧都有 3~6 根固定的硬棘。这些硬棘主要起防御作用，有时也是种群内部斗争用的武器。它们通常以岩石上的丝状海藻为食，有些种类的鱼，比如鼻鱼属的大多数鱼以浮游动物为食。植食性的刺尾鱼属鱼对维持珊瑚礁的生态平衡发挥着重要的作用，能防止海藻过度生长。

白胸刺尾鱼

Acanthurus leucosternon

头部呈黑色（其中喉部呈白色），背鳍呈黄色。

体长 23 cm

生活习性 栖息于礁区，栖息深度为0.5~25 m。成鱼多集群活动，有时会聚成大群在礁石的浅水域吃海藻。可与白面刺尾鱼杂交，杂交的后代喉部不呈白色。

分布 从非洲东岸至缅甸、安达曼海、圣诞岛、巴厘岛以及科摩多岛

红海刺尾鱼

Acanthurus sohal

体表有许多白色竖条纹，尾鳍呈黑色，边缘呈蓝色。

体长 40 cm

生活习性 栖息于外礁海浪冲刷区，栖息深度为0.2~10 m。游泳健将，游动起来敏捷而有力，偏爱在礁石顶部及外缘吃海藻。领地意识极强，雄鱼会带着自己的若干雌性配偶攻击领地入侵者。

分布 从红海（沿着阿拉伯半岛）至阿曼湾和波斯湾

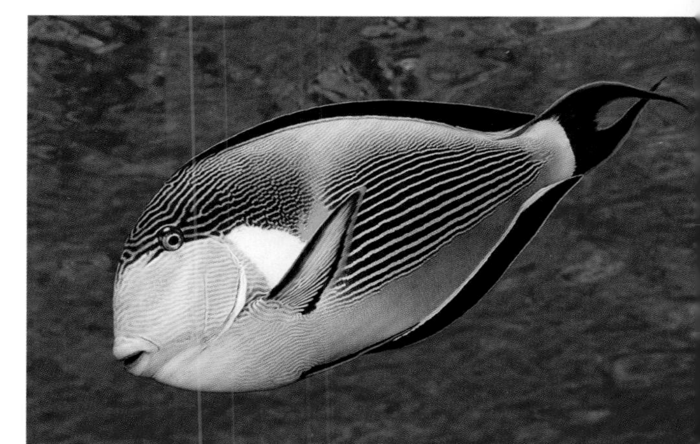

暗色刺尾鱼

Acanthurus mata

上唇呈黄色，一条黄色条纹横穿眼部，体表有极细的竖条纹。

体长 50 cm

生活习性 栖息于潟湖、海湾和外礁区，也见于混浊水域，栖息深度为3~30 m。常集群紧贴着礁坡游动，有时会离开礁坡捕食浮游动物。可以快速改变体色，尤其是在清洁站附近时。

分布 从红海南部至南非、日本西南部、马绍尔群岛和法属波利尼西亚

纵带刺尾鱼

Acanthurus lineatus

体表有黄蓝黑相间的竖条纹，腹部呈浅蓝色。

体长　38 cm

生活习性　常栖息于外礁顶部及边缘的海浪冲刷区，栖息深度为0.2~6 m。领地意识极强，雄鱼会攻击入侵者，以保卫自己的领地和配偶。以海藻为食。

分布　从非洲东岸至日本西南部、密克罗尼西亚和法属波利尼西亚

黑鳃刺尾鱼

Acanthurus pyroferus

成鱼体表呈棕色，胸鳍基部有一块红斑，从颌部至眼下有一条黑色条纹。幼鱼有两种体色类型：一种通体呈黄色；一种前半身呈浅灰色，后半身则呈浅黑色。

体长　25 cm

生活习性　栖息于潟湖和外礁区，栖息深度为2~60 m。成鱼大多单独在珊瑚、沙石地混合区活动。

分布　从科科斯群岛至日本西南部、夏威夷群岛、密克罗尼西亚和法属波利尼西亚

左图　本种在不同海域的幼鱼会模仿不同的鱼，比如黄刺尻鱼和福氏刺尻鱼，图中的幼鱼模仿的就是后一种鱼，不过从体色来看，它已经开始向成鱼转变，即尾鳍边缘不再呈蓝色，而呈黄色，且颌附近有一条黑色条纹。

鲃斑刺尾鱼

Acanthurus bariene

唇部呈白色，背鳍呈黄色，眼后有一块蓝斑和一条黄橙色横条纹。

体长　42 cm

生活习性　栖息于水质清澈的岸礁区和外礁区，栖息深度为 6~50 m。成鱼额部的突起会随着年龄的增长而愈发明显。通常单独或聚成小群穿梭于礁石间，并食用硬底质区的海藻幼体。

分布　从非洲东岸至日本西南部、帕劳、所罗门群岛和澳大利亚大堡礁

布氏刺尾鱼

Acanthurus blochii

眼后有一块橙黄色小斑，尾鳍基部大多有一条白色环纹，尾鳍呈蓝色。

体长　45 cm

生活习性　多栖息于潟湖和外礁区，栖息深度为 2~15 m。通常单独或聚成小群活动，吃岩石、珊瑚石及其他硬底质沉积物上的海藻幼体。

分布　从非洲东岸至日本西南部、马绍尔群岛、夏威夷群岛和法属波利尼西亚

黑尾刺尾鱼

Acanthurus nigricauda

眼后有一条竖条纹，尾鳍基部呈浅白色。

体长　40 cm

生活习性　多栖息于水质清澈的潟湖和外礁区，偶尔也出没于潟湖水质混浊的泥沙区，栖息深度为 3~30 m。通常单独或与该科其他种类的鱼一起穿梭于近礁沙砾地，吃海藻幼体。可以迅速将体色由深灰棕色变为浅灰色。

分布　从非洲东岸至日本西南部、澳大利亚大堡礁以及法属波利尼西亚

黄鳍刺尾鱼

Acanthurus xanthopterus

胸鳍呈黄色，一条黄色条纹横穿眼部。

体长　60 cm

生活习性　栖息于潟湖和外礁区，栖息深度为 3~90 m。刺尾鱼科刺尾鱼属中体形最大的一种鱼，通常单独或聚成松散的群穿梭于近礁沙砾地，吃丝状海藻、硅藻和水中微生物，有时也吃水螅纲生物。能迅速改变体色。

分布　从非洲东岸至日本西南部、夏威夷群岛、巴拿马和新喀里多尼亚

白面刺尾鱼

Acanthurus nigricans

背鳍和臀鳍基部各有一条黄色条纹，尾鳍上有一条黄色环纹，尾柄棘也呈黄色。

体长　21 cm

生活习性　栖息于外礁区，栖息深度为 1~60 m，常在海浪冲刷区下方的浅水域活动。具有领地意识，以硬底质区的丝状海藻为食。

分布　从科科斯群岛、圣诞岛、澳大利亚西澳大利亚州至日本西南部、夏威夷群岛、巴拿马和法属波利尼西亚

白唇刺尾鱼

Acanthurus leucocheilus

尾柄棘呈白色，颌部有一条浅色条纹，口部呈浅白色，胸鳍下方有一块黑斑。体表通常呈深棕色或浅黑色，不过能迅速变成亮色（左图）。

体长　45 cm

生活习性　栖息于水质清澈的外礁区，也常出现在陡坡附近，栖息深度为 4~30 m。通常单独或聚成小群活动。

分布　从非洲东岸、马尔代夫、塞舌尔至安达曼海、印度尼西亚、菲律宾、帕劳和莱恩群岛

横带刺尾鱼

Acanthurus triostegus

体表呈浅绿色，有五六条横条纹。

体长　26 cm

生活习性　栖息于潟湖和外礁区，栖息深度为 2~20 m。偏爱在珊瑚礁与岩礁上方的平坦地带活动，常聚成大群（群体成员甚至上千）穿梭于礁石间吃丝状海藻。

分布　从非洲东岸至日本西南部、密克罗尼西亚、夏威夷群岛、巴拿马和法属波利尼西亚

黄尾副刺尾鱼

Paracanthurus hepatus

体表呈钴蓝色，有标志性的黑色斑块。

体长　26 cm

生活习性　栖息于水流丰富且水质清澈的外礁区，栖息深度为 2~40 m。通常聚成松散的小群在高出海底 1~3 m 的地方捕食浮游动物。

分布　从非洲东岸至日本西南部、莱恩群岛和萨摩亚群岛

右图　图中的幼鱼体长约 4 cm，常在枝状珊瑚上方游动，一旦遇到危险便迅速躲到珊瑚枝杈间。

紫高鳍刺尾鱼

Zebrasoma xanthurum

体表呈蓝色，胸鳍外缘和尾鳍呈黄色。

体长　22 cm

生活习性　栖息于珊瑚礁区和岩礁区，栖息深度为 0.5~22 m。通常单独或聚成松散的小群活动，吃岩石和珊瑚石上的丝状海藻。

分布　从红海至波斯湾以及斯里兰卡

德氏高鳍刺尾鱼

Zebrasoma desjardinii

尾鳍上有浅蓝色斑点。

体长　40 cm

生活习性　栖息于长有适量或丰富珊瑚的潟湖深水域和外礁遮蔽区，栖息深度为 1~30 m。成鱼大多成对或聚成小群活动，幼鱼通常单独在枝状珊瑚附近活动。

分布　从红海、非洲东岸至安达曼海、科科斯群岛和苏门答腊岛西北部

本种在同一海域往往有深色（下图）和浅色（中图）这两种体色的个体，其中体色较深的个体尾鳍上也有浅蓝色斑点，但远看不明显。

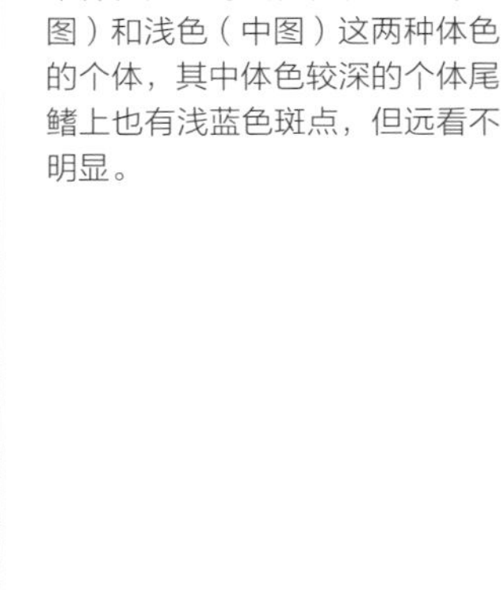

横带高鳍刺尾鱼

Zebrasoma velifer

尾鳍呈麦秆黄色或深棕色，上面没有斑点。

体长　40 cm

生活习性　栖息于潟湖深水域和外礁遮蔽区，栖息深度为 1~40 m。幼鱼的背鳍和臀鳍更大，体表呈黄色并有深浅不一的横条纹，尾鳍略透明。

分布　从圣诞岛、马来西亚至日本西南部、夏威夷群岛和法属波利尼西亚

小高鳍刺尾鱼

Zebrasoma scopas

体表呈黄棕色，越往后颜色越深，尾鳍几近于黑色。尾柄棘呈白色。

体长　20 cm

生活习性　栖息于珊瑚丰富的潟湖和外礁区，栖息深度为 2~50 m。通常单独或集群活动，且通常集群产卵。

分布　从非洲东岸、阿曼至日本西南部、菲律宾、密克罗尼西亚、印度尼西亚、澳大利亚大堡礁和法属波利尼西亚

右图　图中的幼鱼长约 3 cm，体表有浅色横条纹，背鳍和臀鳍高竖，常在枝状珊瑚附近活动。

栉齿刺尾鱼

Ctenochaetus striatus

体表有极细的竖条纹，额部有橙色小斑点。

体长 26 cm

生活习性 栖息于潟湖和外礁区，栖息深度为 1~30 m。通常单独或集群活动，因食用沙地和硬底质沉积物上的蓝细菌与硅藻而常带有西加鱼毒素。

分布 从红海、南非至日本西南部、密克罗尼西亚和法属波利尼西亚

截尾栉齿刺尾鱼

Ctenochaetus truncatus

眼周呈黄色，体表呈浅棕色或深棕色且有许多浅白色小斑点。

体长 18 cm

生活习性 栖息于礁区，栖息深度为 1~20 m。以硬底质沉积物上的海藻幼体为食。

分布 从阿曼南部、非洲东岸（自肯尼亚至南非纳塔尔省）至安达曼海、马尔代夫、查戈斯群岛、科科斯群岛和圣诞岛

左图 图中的幼鱼通体呈柠檬黄色，长约 6 cm。

秀丽鼻鱼

Naso elegans

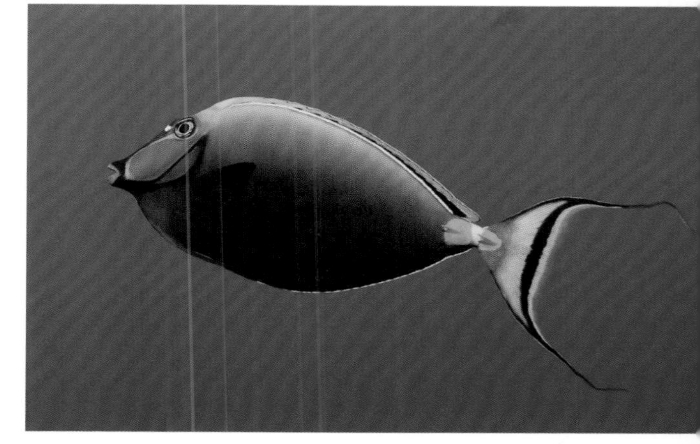

背鳍和臀鳍呈黄色，边缘呈蓝色。雄鱼尾鳍两端的鳍条很长。

体长　45 cm

生活习性　栖息于潟湖和外礁区，栖息深度为 1~90 m。有时聚成松散的小群活动，食用珊瑚石、岩石及沙砾地上的海藻，大型雄鱼有时具有领地意识。

分布　从红海至南非、阿曼南部、安达曼海和巴厘岛

颊吻鼻鱼

Naso lituratus

背鳍呈黑色且边缘呈浅白色。

体长　45 cm

生活习性　栖息于潟湖和外礁区，栖息深度为 1~90 m。通常单独活动，偶尔集群，多在水深不足 30 m 的海域活动。主要以珊瑚石或岩石上的叶状褐藻为食。

分布　从泰国湾至日本西南部、夏威夷群岛、法属波利尼西亚和皮特凯恩群岛

单角鼻鱼

Naso unicornis

尾柄棘呈蓝色，额部的角状突起会随着年龄的增长而变长，但不会超出吻部。

体长　70 cm

生活习性　栖息于潟湖、海湾和外礁区，栖息深度为 1~80 m。常见种，常在海浪冲刷区活动。有时单独活动，但大多聚成松散的群活动，以叶状海藻和马尾藻为食。

分布　从红海、阿曼南部、非洲东岸至日本西南部、夏威夷群岛和法属波利尼西亚

粗棘鼻鱼

Naso brachycentron

背部高耸，额部有角状突起。

体长　70 cm

生活习性　栖息于外礁坡，栖息深度为 1~30 m。通常单独或聚成小群活动，在大多数海域比较少见，因此潜水员很难看到它们。雄鱼额部的角状突起很长，雌鱼额部则仅长有一个极小的瘤状物。

分布　从非洲东岸至日本西南部、关岛、帕劳和法属波利尼西亚

丝尾鼻鱼

Naso vlamingii

唇部呈蓝色，两眼之间有一条蓝色横条纹。

体长　55 cm

生活习性　偏爱栖息于潟湖深水域和外礁坡，栖息深度为 4~50 m。大多集群在礁石上方一定距离处游动，捕食大型浮游动物。

分布　从非洲东岸至日本西南部、密克罗尼西亚和法属波利尼西亚

左图　本种能迅速将体色由极浅变得极深，比如在寻求清洁服务或求偶时。

洛氏鼻鱼

Naso lopezi

体形修长，上半身有许多灰色或黑色斑点。

体长　60 cm

生活习性　栖息于水流丰富的外礁陡坡，栖息深度为 6~50 m。通常单独或集群在开放水域捕食浮游动物，会在礁石上休息。

分布　从安达曼海至菲律宾、帕劳、所罗门群岛和新喀里多尼亚

六棘鼻鱼

Naso hexacanthus

唇部呈白色，鳃盖边缘呈黑色，可迅速改变体色。

体长　75 cm

生活习性　栖息于潟湖深水域和外礁坡，栖息深度为 6~137 m。常见种，胆子比较大，常集群在礁石上方捕食大型浮游动物，有时群体规模相当大。

分布　从红海至日本西南部、夏威夷群岛、密克罗尼西亚、法属波利尼西亚和皮特凯恩群岛

短吻鼻鱼

Naso brevirostris

体表呈浅蓝灰色或深橄榄棕色，有细长的深色横条纹。额部的角状突起会随着年龄的增长而变长。

体长　60 cm

生活习性　偏爱栖息于潟湖深水域和外礁坡，栖息深度为 1~50 m。大多集群在礁石前方捕食浮游动物，幼鱼和亚成体则以海藻幼体为食。可以迅速改变体色，如雄鱼在求偶时前半身会出现一条比较宽的浅蓝色横条纹。

分布　从红海、南非至日本西南部、夏威夷群岛和迪西岛

镰鱼科
Zanclidae

镰鱼科仅有一种鱼，即角镰鱼。如果不仔细看，很多潜水员会把角镰鱼当作蝴蝶鱼科马夫鱼属的鱼，但事实上，这两类鱼连近亲都算不上，角镰鱼更像是刺尾鱼科的鱼。

角镰鱼

Zanclus cornutus

背鳍鳍条很长，吻前伸，上面有黄色鞍状斑。

体长 22 cm

生活习性 栖息于岩礁区和珊瑚礁区，栖息深度为 1~145 m。通常单独、成对或集群活动，有时群体规模很大。主要以海绵为食。因幼鱼期长而分布很广。

分布 从亚丁湾、阿曼、非洲东岸至日本西南部、夏威夷群岛、墨西哥、加拉帕戈斯群岛和波利尼西亚

花斑拟鳞鲀

Balistoides conspicillum

体表有白斑，幼鱼的背部还有黄斑。

体长　50 cm

生活习性　栖息于珊瑚丰富、水质清澈的外礁区，栖息深度为 3~75 m。通常单独活动，不常见。常在陡坡的平坦地带活动。幼鱼大多藏在洞穴中或水深超过 15 m 处的庇护所中。以海胆、甲壳动物、贝类和螺为食。

分布　从非洲东岸至日本西南部、密克罗尼西亚、莱恩群岛和萨摩亚群岛

鳞鲀科

Balistidae

鳞鲀科鱼通过第二背鳍和臀鳍发力来游动，尾鳍平时发挥舵的作用，仅在需要快速前进和逃生时起推进作用。第一背鳍具有特殊机制：第一棘可以竖起并通过第二棘锁定，而当第三棘被压下时，第一棘的锁定作用解除。在发生危险时，该科的鱼会逃至岩石裂缝中并竖起背鳍棘将自己卡住，它们有时就通过这样的方式在礁石裂缝中过夜。凭借有力的下颌和类似于凿子的牙齿，它们能吃贝类、螺、珊瑚、海胆和甲壳动物。

波纹钩鳞鲀

Balistapus undulatus

体表呈深绿色，有不少橙色条纹。

体长 30 cm

生活习性 栖息于珊瑚丰富的潟湖和外礁区，栖息深度为 1~50 m。以枝状珊瑚、海胆、甲壳动物、毛足纲动物、海绵等无脊椎动物，以及小鱼和海藻为食。会在沙砾地上筑巢产卵。

分布 从红海、非洲东岸至日本南部、夏威夷群岛和法属波利尼西亚

左图 与该科其他种类的鱼不同的是，本种的雌雄鱼外表明显不同：成年雄鱼吻部没有条纹与斑点。

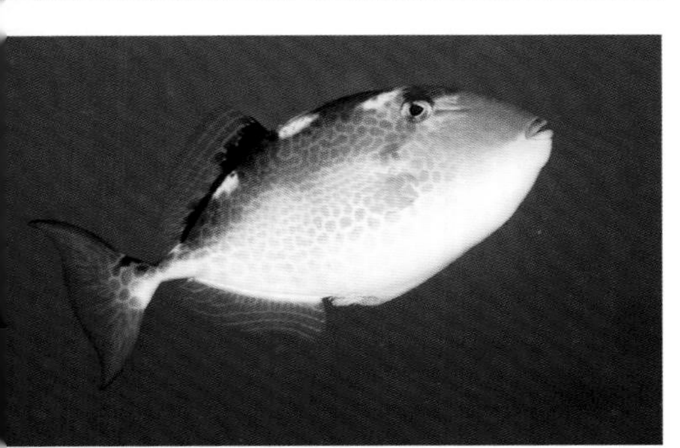

宽尾鳞鲀

Abalistes stellatus

背部有三四块白斑，尾柄细长。

体长 60 cm

生活习性 栖息于水深 5~120 m 处的泥沙地，成鱼有时也会在近礁栖息。

分布 从红海、非洲东岸至日本南部、帕劳、新喀里多尼亚和斐济

左图 鱼龄较大的幼鱼

褐拟鳞鲀

Balistoides viridescens

体表底色为浅黄绿色或深橄榄绿色，上唇上方总有一条深色宽条纹（“髭须”）。

体长 75 cm

生活习性 栖息于海湾、潟湖和外礁区，栖息深度为 3~40 m。以海胆、珊瑚、甲壳动物、贝类、螺为食。通常单独活动，孵卵时则成对活动。会在平坦的沙砾地上产卵，在护卵时有攻击性，甚至可能攻击潜水员。常佯攻、咬痛或咬伤潜水员。

分布 从红海、非洲东岸至日本南部、密克罗尼西亚和法属波利尼西亚

右图 体长约 4 cm 的幼鱼

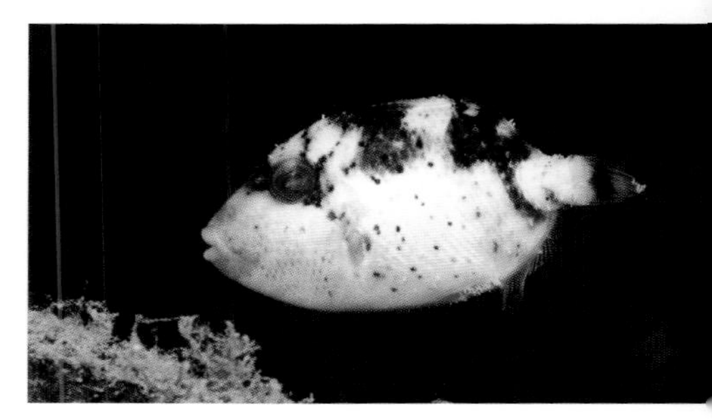

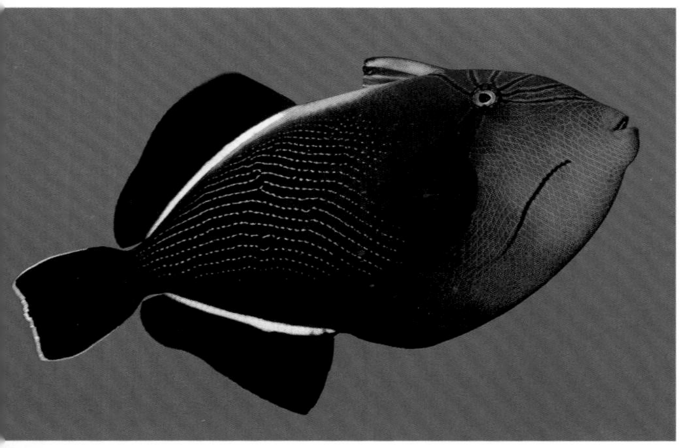

印度角鳞鲀

Melichthys indicus

背鳍和臀鳍基部有白色条纹，尾鳍边缘呈白色。

体长　25 cm

生活习性　栖息于珊瑚丰富的外礁坡，栖息深度为 5~50 m。通常单独或聚成松散的群在海底之上一定距离的地方游动。常在开放水域捕食浮游动物，在感到不安时会逃至礁石窄缝中。

分布　从红海、阿曼、非洲东岸至安达曼海和印度尼西亚西部

红牙鳞鲀

Odonus niger

尾部似镰刀，牙齿呈红色。

体长　40 cm

生活习性　栖息于水流丰富的外礁坡和礁石平台，栖息深度为 3~55 m。常聚成或大或小的群在礁石上方的开放水域捕食浮游动物，在感受到威胁时会逃到礁石附近并藏到窄缝中，不过常会露出一部分尾鳍。

分布　从红海、非洲东岸至日本南部、密克罗尼西亚和法属波利尼西亚

左图　长约 8 cm 的幼鱼

黑边角鳞鲀

Melichthys vidua

背鳍和臀鳍边缘呈黑色。

体长　35 cm

生活习性　栖息于水质清澈的外礁坡，栖息深度为4~60 m。通常单独或聚成松散的群在海底之上一定距离的地方活动。以海藻、甲壳动物、海绵等无脊椎动物和小鱼为食。

分布　从非洲东岸至日本南部、夏威夷群岛、加拉帕戈斯群岛和法属波利尼西亚

黄缘副鳞鲀

Pseudobalistes flavimarginatus

吻周围呈浅黄色或浅粉红色，鳍边缘呈黄色或橙色。

体长　60 cm

生活习性　栖息于海湾深水域、潟湖、礁道和外礁沙地，也常在海草床附近活动，栖息深度为2~50 m。以枝状珊瑚、螺、甲壳动物和海胆为食，常将沙地中的猎物“吹”出。会在沙砾地上筑大型巢穴以产卵、孵卵，会攻击靠近巢穴的生物，包括潜水员。

分布　从红海、非洲东岸至日本南部、密克罗尼西亚和法属波利尼西亚

右图　长约 7 cm 的幼鱼

右图　长约 3 cm 的幼鱼

黑副鳞鲀

Pseudobalistes fuscus

体表呈蓝色或蓝灰色，有黄色小斑点。

体长　55 cm

生活习性　栖息于潟湖、海湾和外礁区，栖息深度为 1~50 m，爱在有沙砾地或海草的礁区活动。以底栖无脊椎动物为食，会花大量时间“吹”沙中的猎物。身边常伴有顺道捕食的隆头鱼等鱼。胆小，但在护巢时具有攻击性。

分布　从红海、非洲东岸至日本南部、密克罗尼西亚和法属波利尼西亚

左图　本种能竖起第一背鳍以插入缝隙中。

叉斑锉鳞鲀

Rhinecanthus aculeatus

从吻部至颊部有黄色竖条纹，体后下方有两对白色或浅蓝色的斜条纹，背部有一条橙棕色斜条纹。

体长　25 cm

生活习性　栖息于潟湖和礁顶的平坦区域，栖息深度为 0.3~5 m。偏爱在沙砾地和珊瑚石上方活动。具领地意识，通常单独或成对活动。除捕食诸多小型无脊椎动物外，也吃小鱼和海藻。

分布　从非洲东岸至日本西南部、密克罗尼西亚、夏威夷群岛和法属波利尼西亚

阿氏锉鳞鲀

Rhinecanthus assasi

唇呈黄色，后半身有 3 条黑色竖条纹。

体长　30 cm

生活习性　栖息于外礁遮蔽区和潟湖平坦区域，栖息深度为 1~25 m。偏爱在沙砾地和珊瑚石上方活动。不算少见，但生性胆小。具领地意识，总是在便于藏身的地方游动。

分布　从红海至波斯湾

黑带锉鳞鲀

Rhinecanthus rectangulus

后半身有一块 V 字形斑纹。

体长　25 cm

生活习性　栖息于潟湖和外礁区，栖息深度为 1~18 m。具领地意识但生性胆小。偏爱在珊瑚、沙砾地混合区活动，幼鱼也常出现在礁顶的平坦区域。以多种底栖无脊椎动物，如甲壳动物、蠕虫、蛇尾、海胆、海绵为食，也吃鱼类和海草。

分布　从红海南部、非洲东岸至日本西南部、夏威夷群岛以及迪西岛

毒锉鳞鲀

Rhinecanthus verrucosus

体后下方有一块椭圆形大黑斑。

体长　23 cm

生活习性　栖息于潟湖和岸礁区，栖息深度为 1~20 m。偏爱在海草、珊瑚、沙砾地混合区便于藏身的地方活动，也爱在不太清澈的水域活动。通常单独或集群活动，生性胆小，在大多数海域不常见。

分布　从塞舌尔、查戈斯群岛、斯里兰卡至日本南部、雅浦岛、所罗门群岛、澳大利亚大堡礁和斐济

白尾多棘鳞鲀

Sufflamen albicaudatum

尾鳍呈赭黄色，边缘呈白色。雄鱼头部下方呈蓝色。与黄鳍多棘鳞鲀相似。

体长　22 cm

生活习性　栖息于潟湖和外礁遮蔽区，栖息深度为2~20 m。生性胆小，在感到不安时会迅速逃至礁石窄缝中。偏爱在珊瑚、沙砾地混合区活动。

分布　红海

左图　体长约 4 cm 的幼鱼

项带多棘鳞鲀

Sufflamen bursa

眼后有两条略弯曲的标志性的棕色或黄色条纹（镰刀状条纹）。

体长　24 cm

生活习性　栖息于外礁区，栖息深度为 3~90 m。偏爱在海浪冲刷区下方的礁石陡坡附近活动，既会出没于珊瑚丰富的地方，也会出现在珊瑚、沙砾地混合区。可以快速改变体色，尤其是体表镰刀状条纹的颜色。以各种底栖无脊椎动物为食。

分布　从非洲东岸至日本南部、夏威夷群岛、密克罗尼西亚和法属波利尼西亚

左下的两幅图中，上图所示的鱼体色较浅，体表有黄色镰刀状条纹；下图所示的鱼体色较深，体表有深棕色镰刀状条纹。

黄鳍多棘鳞鲀

Sufflamen chrysopterum

眼后有一条浅色横条纹，与白尾多棘鳞鲀一样尾鳍边缘呈白色。

体长　22 cm

生活习性　栖息于潟湖和外礁平坦区域，栖息深度为 1~30 m。具领地意识，偏爱在长有珊瑚的硬底质区和沙地附近的开阔区域活动，在水质混浊和清澈的地方均可见。以底栖无脊椎动物为食。

分布　从非洲东岸至日本南部、密克罗尼西亚和萨摩亚群岛

缰纹多棘鳞鲀

Sufflamen fraenatum

体表呈浅棕色或深棕色。幼鱼体表呈浅色且有细长的黑色条纹，背部颜色较深。

体长　38 cm

生活习性　栖息于植被较少的沙砾地附近的开阔区域，栖息深度为 8~180 m，幼鱼多在浅水域活动。以贝类、螺、甲壳动物、海胆、蛇尾、毛足纲动物、鱼和海藻为食。图中所示的是亚成体。

分布　从非洲东岸至日本南部、夏威夷群岛和法属波利尼西亚

金边黄鳞鲀

Xanthichthys auromarginatus

体表有成排的白色斑点。雄鱼尾鳍、臀鳍和背鳍边缘呈黄色，颌部和喉部有蓝斑。

体长　22 cm

生活习性　栖息于外礁坡，栖息深度为 15~150 m。常聚成松散的群在礁石上方一定距离的地方游动，捕食浮游动物。

分布　从毛里求斯至日本西南部、密克罗尼西亚、夏威夷群岛和法属波利尼西亚

单棘鲀科

Monacanthidae

单棘鲀科鱼游动起来缓慢而谨慎，它们可以很好地控制身体，并常在一个地方一动不动。其中体形较小的物种多将自己藏起来或伪装起来。该科的大多数物种单独或成对活动，有时也聚成小群活动，食性范围广，食物包括海藻、海草、海绵、蠕虫和甲壳动物。有些物种却相当挑食。该科鱼与鳞鲀科鱼是近亲，也有一根长长的、可以竖起和放下的背鳍棘。

拟态革鲀

Aluterus scriptus

体表有浅蓝色小斑点和短条纹，尾似扫帚。

体长 100 cm

生活习性 栖息于潟湖和外礁坡遮蔽区，栖息深度为 2~80 m。通常单独活动，生性胆小，不常见。以底栖无脊椎动物为食。

分布 热带海域

白线鬃尾鲀

Acreichthys tomentosus

体色会随着周围的环境改变，体表中部有一块不太明显的 V 字形斑纹。

体长　10 cm

生活习性　栖息于礁石遮蔽区、海湾和海草床，栖息深度为 1~20 m。大多单独活动。

分布　从非洲东岸至日本西南部、斐济和汤加

单棘鲀科的许多鱼可以像变色龙一样随着环境改变体色，本种也不例外。上图中的个体为与深色沙地上的橙色海绵相适应而将体色变成橙色，中图中的个体体表的灰棕色补丁图案也是适应环境的结果。

棘尾前孔鲀

Cantherhines dumerilii

尾柄上有两对黄色小棘，眼虹膜呈黄色。

体长　38 cm

生活习性　栖息于水质清澈的潟湖和外礁区，栖息深度为 1~35 m。常成对活动，主要以枝状珊瑚为食，也吃各种底栖无脊椎动物。

分布　从非洲东岸至日本南部、夏威夷群岛、墨西哥和迪西岛

细斑前孔鲀
Cantherhines pardalis

体表底色是浅绿棕色或浅蓝灰色，上面有蜂窝状图案。尾柄上多有一块白斑。

体长 25 cm

生活习性 栖息于珊瑚丰富、水质清澈的潟湖和外礁区，也在海草床上活动，栖息深度为 2~25 m。通常单独活动，生性胆小。

分布 从红海、非洲东岸至日本南部和迪西岛

膜头副单棘鲀
Paramonacanthus choirocephalus

体色多变，第二背鳍下方多有一块深色斑。

体长 12 cm

生活习性 栖息于外礁遮蔽区、沙地和海草床，栖息深度不超过 20 m。通常单独或聚成小群活动。

分布 从印度、泰国、马来西亚、印度尼西亚至菲律宾、巴布亚新几内亚和瓦努阿图

斑拟单棘鲀
Pseudomonacanthus macrurus

体色多变，体表有许多深色小斑点。

体长 18 cm

生活习性 栖息于潟湖和外礁区，栖息深度不超过 12 m。常在沙砾地和海草床附近活动。

分布 从泰国、马来西亚、印度尼西亚至菲律宾和巴布亚新几内亚

红尾前角鲀

Pervagor janthinosoma

头部呈浅棕色，体色向后逐渐过渡至橄榄绿色，尾鳍呈橙色。

体长 14 cm

生活习性 栖息于潟湖和珊瑚礁平坦区域，栖息深度不足 20 m。生性胆小，常在窄缝和洞穴附近活动。

分布 从非洲东岸至日本西南部、马里亚纳群岛、澳大利亚大堡礁、萨摩亚群岛和汤加

黑头前角鲀

Pervagor melanocephalus

头部呈深棕色或蓝黑色，体表其余部位呈橙色。

体长 10 cm

生活习性 栖息于珊瑚丰富、水质清澈的外礁遮蔽区，栖息深度为 5~40 m。通常单独或成对活动，生性胆小，总在庇护所附近活动。

分布 从安达曼群岛、苏门答腊岛至日本西南部、马绍尔群岛、斐济和汤加

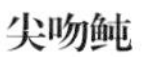

尖吻鲀

Oxymonacanthus longirostris

体表有成排的橙色斑点，尾鳍上有一块小黑斑。

体长 9 cm

生活习性 栖息于珊瑚丰富、水质清澈的潟湖和外礁区，栖息深度为 1~30 m。通常成对或聚成小群活动，总是紧贴着珊瑚或在珊瑚枝杈间游动，仅以鹿角珊瑚为食。

分布 从非洲东岸至日本南部、萨摩亚群岛和汤加

锯尾副革鲀

Paraluteres prionurus

第二背鳍比与其相似的黑马鞍鲀鱼的背鳍宽得多。

体长 11 cm

生活习性 栖息于水质清澈的潟湖和外礁区，栖息深度为 2~25 m。会模仿有毒的河豚，通常单独或聚成小群活动。雄鱼具领地意识。

分布 从亚丁湾、非洲东岸至日本南部、马绍尔群岛、澳大利亚大堡礁和新喀里多尼亚

前棘假革鲀

Pseudalutarius nasicornis

体表有两条橄榄棕色竖条纹，尾鳍上有一块深色大斑。

体长 18 cm

生活习性 栖息于沿岸遮蔽区，栖息深度为 1~55 m。通常单独、成对或聚成小群在海底活动，多见于沙砾地或海草床。

分布 从非洲东岸至日本南部、关岛和澳大利亚东部

上图是一对成鱼，其中左下方背部略隆起的为雄鱼，右上方更苗条的为雌鱼。雌鱼（中图）第一鳍棘在头部十分靠前的位置，甚至在眼睛前方。

小粗皮鲀

Rudarius minutus

体表底色为奶油色或浅灰色，并有许多浅棕色或橄榄色的斑块。

体长 4 cm

生活习性 栖息于潟湖和岸礁遮蔽区，栖息深度为 2~15 m。通常单独或聚成小群在火珊瑚、角珊瑚和软珊瑚枝杈间活动。雄鱼背鳍上部有一块眼斑。

分布 从马来西亚、加里曼丹岛至巴厘岛和澳大利亚大堡礁

白点箱鲀

Ostracion meleagris

雌鱼（下图）深棕色底色上布满白色斑点。雄鱼（上图）背部底色为浅黑色，上面布满白色斑点，其余部位底色则为蓝色，上面布满黄色斑点。

体长 16 cm

生活习性 栖息于水质清澈的潟湖和外礁区，栖息深度为 1~30 m。大多在遮蔽区活动，以各种小型无脊椎动物为食。

分布 从非洲东岸至日本南部、夏威夷群岛、加拉帕戈斯群岛、墨西哥和法属波利尼西亚

箱鲀科

Ostraciidae

箱鲀科鱼都有由多边形（多为六边形）的骨板组成的坚硬的方形外壳。其中某些物种的骨板清晰可见，只有口、肛门、眼睛和鳍处没有。为进一步抵御捕食者，它们可通过皮肤分泌有毒的箱鲀毒素。该科鱼虽然游动缓慢，但是可以精准地控制身体，它们可以像直升机一样原地旋转，也可以向后游动。尾鳍除了在逃生时会被派上用场外，平常仅起方向舵的作用。在求偶和产卵时，该科鱼会成对冲向水面。

粒突箱鲀

Ostracion cubicus

幼鱼体表呈亮黄色并有黑色斑点，随着年龄的增长，它们的体色会发生变化（中图和下图），大型雄鱼（上图）体表呈蓝灰色，吻部有一个突起。

体长 45 cm

生活习性 栖息于潟湖和外礁的海浪冲刷区，栖息深度为 1~40 m。多在珊瑚丰富的区域单独活动。幼鱼常出现在悬垂物下、岩石或枝状珊瑚附近。成鱼也在开放水域游动，主要以各种小型底栖无脊椎动物为食，也吃海草幼体。比较常见，有点儿胆小。

分布 从红海、波斯湾、阿曼湾、非洲东岸至日本西南部、法属波利尼西亚和新西兰

蓝带箱鲀

Ostracion solorensis

雄鱼体表底色为深蓝色，身上有不少浅蓝色斑点。

体长　11 cm

生活习性　栖息于珊瑚丰富的外礁区，栖息深度为 2~20 m。通常单独或成对在便于藏身的地方游动，相当胆小。

分布　从圣诞岛至日本南部、帕劳、巴布亚新几内亚、斐济和澳大利亚大堡礁北部

右图　雌鱼体表底色为米色或深棕色，身上有不规则的浅色线条图案。

蓝尾箱鲀

Ostracion cyanurus

雄鱼背部呈橄榄色，身体的其余部位则呈深蓝色并有黑色斑点。雌鱼体表呈黄色并有黑色斑点。

体长　15 cm

生活习性　栖息于潟湖、海湾和外礁区，栖息深度为 3~25 m。通常在有适量珊瑚的区域活动。独行者，总在便于藏身的地方游动，极其胆小，罕见。

分布　从红海至波斯湾

突吻箱鲀

Ostracion rhinorhynchos

成鱼吻部圆润，鼻前突；幼鱼吻部有一个小突起。

体长　35 cm

生活习性　偏爱栖息于潟湖深水域和外礁遮蔽区，栖息深度为3~40 m。通常在珊瑚附近的沙砾地上活动，在大多数海域罕见，以小型底栖无脊椎动物为食。

分布　从非洲东岸至日本南部、帕劳以及澳大利亚西北部和北部

角箱鲀

Lactoria cornuta

额部和体后下方各有一对长长的角状突起。

体长　46 cm

生活习性　栖息于潟湖浅水域、岸礁区泥沙地、长有海藻的岩石区和海草床，栖息深度为1~100 m。通常单独活动，可通过向地面喷水来捕食小型底栖无脊椎动物。尾鳍极长，鳍条多紧紧地叠在一起，也可以分开。

分布　从红海、阿曼湾、非洲东岸至日本南部、马里亚纳群岛和法属波利尼西亚

左图　长约3 cm的幼鱼

福氏角箱鲀

Lactoria fornasini

额部及体后下方各有一对较短的角状突起，背部中间有一向后弯曲的角状突起。

体长　15 cm

生活习性　栖息于沙砾地和海藻丛，栖息深度为 3~30 m。通常单独活动，爱紧贴着海底。

分布　从非洲东岸至日本南部、夏威夷群岛和法属波利尼西亚

右图　幼鱼

驼背真三棱箱鲀

Tetrosomus gibbosus

背部不平，似屋顶，且中间有一根长棘。

体长　30 cm

生活习性　栖息于潟湖、岸礁沙地和海草床的平坦区域，栖息深度为 1~20 m，也常出现在水深不超过 110 m 的离岸泥地上。可通过喷水捕食底栖无脊椎动物。

分布　从红海、波斯湾、非洲东岸至菲律宾、巴布亚新几内亚和新喀里多尼亚

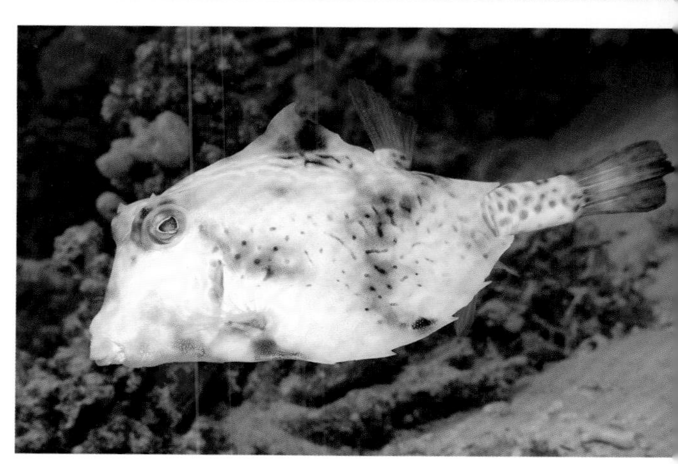

鲀科

Tetraodontidae

鲀科鱼行动迟缓，但机动性极强。它们与箱鲀科鱼一样可以原地旋转、转身及向后游动。凭借强大的喙状齿，它们轻轻松松就能咬食螃蟹和螺等带硬壳的动物。在遇到危险时，它们可将水吸入胃的侧室并使身体像气球一样膨胀，以吓退捕食者或使捕食者难以下嘴。鲀科鱼体内有河豚毒素，这种毒素毒性极强，进入人体后会使人因呼吸中枢麻痹而死亡。该科鱼体形大小不一，既有体形较大的个体（比如鲀属鱼），又有体形较小的个体（比如扁背鲀属鱼）。

星斑叉鼻鲀

Arothron stellatus

体表布满黑色斑点。下图是幼鱼。

体长 100 cm

生活习性 栖息于潟湖深水域和外礁区，栖息深度为 2~55 m。常在沙地附近活动，白天在礁石间穿行，以海胆、甲壳动物、海星、珊瑚和火珊瑚为食。

分布 从红海、波斯湾、非洲东岸至韩国、密克罗尼西亚、法属波利尼西亚和新西兰

青斑叉鼻鲀

Arothron caeruleopunctatus

体表密布蓝色小斑点，眼周有开口的环纹。

体长 80 cm

生活习性 栖息于潟湖、礁道和外礁区，栖息深度为 2~45 m。相对少见，通常单独活动。多紧贴着海底漂游，或在悬垂物下活动。

分布 从留尼汪岛、马尔代夫至日本西南部、马绍尔群岛和新喀里多尼亚

右图 另一种体色的个体

红海叉鼻鲀

Arothron diadematus

眼部的深色条纹一直延伸至胸鳍。

体长 30 cm

生活习性 栖息于珊瑚丰富的海湾和岸礁区，栖息深度为 3~25 m。常见种，常在海底活动，会在繁殖期集群。

分布 红海

纹腹叉鼻鲀

Arothron hispidus

体表布满白色斑点，眼周有白色环纹。胸鳍基部有一块白缘深色斑，斑块上有白色或黄色条纹。

体长 50 cm

生活习性 栖息于潟湖、海湾和外礁区，栖息深度为 1~50 m，偏爱在珊瑚、沙砾地混合区活动，也会出现在海草床附近。常见种，以海绵、海鞘、蟹、珊瑚、海星、贝类和海藻为食。

分布 从红海至日本南部、夏威夷群岛、巴拿马以及法属波利尼西亚

左图 幼鱼体表最初仅有少量白色斑点，胸鳍基部的浅色缘深色斑是其标志性特征。

菲律宾叉鼻鲀

Arothron manilensis

体表底色为米白色、浅棕色或灰绿色，身上有不少深色竖条纹。

体长 31 cm

生活习性 栖息于潟湖、海湾和外礁遮蔽区，栖息深度为 1~20 m。通常在海草床和沙地附近活动。

分布 从加里曼丹岛、巴厘岛至菲律宾、日本西南部、密克罗尼西亚、萨摩亚群岛以及澳大利亚东部

辐纹叉鼻鲀

Arothron mappa

体表图案似迷宫，眼周的线条呈放射状。这里给出的分别是成鱼（上图）、亚成体（中图）及幼鱼（下图）的图片。

体长 60 cm

生活习性 栖息于潟湖和外礁区，栖息深度为 4~40 m。以海绵、海鞘、螺和海藻为食，较胆小，多在便于藏身的硬底质区活动，体形较大的个体白天也会在礁石间穿游。

分布 从非洲东岸至日本西南部、萨摩亚群岛、新喀里多尼亚和汤加

无斑叉鼻鲀

Arothron immaculatus

体色会随环境发生变化，可为浅白色、浅棕色或灰色。体表有小突起，尾鳍边缘颜色较深，虹膜呈亮黄色。

体长　30 cm

生活习性　栖息于海草床、泥沙地、河口区和红树林，栖息深度为 2~30 m。

分布　从红海、非洲东岸至日本西南部、菲律宾和印度尼西亚

黑斑叉鼻鲀

Arothron nigropunctatus

体色多变，可为浅奶油色、灰色、蓝灰色、浅绿色、浅棕色或黄色等，有些个体体表底色不止一种，比如有橄榄色与橙色的组合或浅蓝色与黄色的组合（下图）。虽然本种体色不一，但体表都有零星的黑斑，当然黑斑的具体数量不定。

体长　30 cm

生活习性　栖息于珊瑚丰富的潟湖和外礁区，栖息深度为 1~35 m。主要以珊瑚、海绵、海鞘和海藻为食。

分布　从非洲东岸、亚丁湾至日本西南部、莱恩群岛和库克群岛

白点叉鼻鲀

Arothron meleagris

体表底色为黑色，上面有许多白色小斑点（上图）。也有通体或局部呈黄色的个体（中图），这样的个体在一些海域很常见。

体长　60 cm

生活习性　栖息于珊瑚丰富、水质清澈的潟湖和外礁区，栖息深度为 1~73 m。以枝状珊瑚为食，也吃海绵、螺和海藻。

分布　从非洲东岸至日本南部、加拉帕戈斯群岛、巴拿马和法属波利尼西亚

右图　长约 2 cm 的大型幼鱼：体表呈黑色并布满黄色斑点，体形似圆球。

轴扁背鲀

Canthigaster axiologus

体表有鞍状斑，鞍状斑周围有不少黄色斑点和短条纹。

体长　10 cm

生活习性　栖息于外礁沙砾地遮蔽区，栖息深度为 5~80 m。

分布　从印度尼西亚、菲律宾至日本西南部、马绍尔群岛、澳大利亚、新喀里多尼亚和汤加

蓝点扁背鲀

Canthigaster cyanospilota

体表有鞍状斑和蓝色斑点，胸鳍下方有一块棕斑。

体长　10 cm

生活习性　栖息于外礁沙砾地和海草床遮蔽区，栖息深度为 5~80 m。本种此前一直被认作花冠扁背鲀，然而花冠扁背鲀其实包括 3 种近亲鱼种，即花冠扁背鲀（生活在夏威夷群岛附近的海域）、轴扁背鲀和蓝点扁背鲀。

分布　从红海、阿曼、非洲东岸至留尼汪岛、毛里求斯以及马尔代夫

点线扁背鲀

Canthigaster bennetti

腹部呈浅白色，背部呈浅棕色，腹部和背部之间有一块边缘不怎么清晰的深棕色斑纹。

体长　10 cm

生活习性　栖息于岸礁遮蔽区、礁石和潟湖沙砾地，栖息深度为 1~15 m。以海藻和小型无脊椎动物为食。

分布　从非洲东岸至日本南部、密克罗尼西亚和法属波利尼西亚

细纹扁背鲀

Canthigaster compressa

上半身呈棕色，下半身颜色更浅，身上有特别小的斑点和特别细的短条纹。

体长　10 cm

生活习性　栖息于潟湖、岸礁区、海湾和港口的沙砾地和软底质区，栖息深度为 2~20 m。

分布　从巴厘岛至日本西南部、关岛、马里亚纳群岛、所罗门群岛和瓦努阿图

圆斑扁背鲀

Canthigaster janthinoptera

体表呈深棕色，遍布密集的白色斑点。

体长　9 cm

生活习性　栖息于潟湖和外礁区，栖息深度为 1~30 m。通常单独或成对在缝隙和洞穴等便于藏身的地方活动。

分布　从非洲东岸至日本南部、莱恩群岛和法属波利尼西亚

珍珠扁背鲀

Canthigaster margaritata

体表呈深棕色或橄榄棕色，身上有浅蓝色斑点和条纹。

体长　12 cm

生活习性　栖息于珊瑚、沙砾地混合区，栖息深度为 1~30 m。通常单独或成对出现，是阿卡副革鲀的模仿对象。

分布　红海

巴布亚扁背鲀

Canthigaster papua

吻部呈橙色，通体（包括尾部）布满浅蓝色或浅绿色小斑点，背部有一些短小的条纹。

体长 9 cm

生活习性 栖息于水质清澈、珊瑚丰富的潟湖和外礁区，有时也出现在混浊水域，栖息深度为 3~40 m。通常单独或成对活动。

分布 从马尔代夫、安达曼海、印度尼西亚至菲律宾、帕劳、澳大利亚大堡礁和瓦努阿图

侏扁背鲀

Canthigaster pygmaea

体表呈棕色或粉棕色并有蓝色斑点，吻部及眼部有蓝色条纹，额部及背部几乎没有任何斑纹。

体长 6 cm

生活习性 栖息于珊瑚丰富的岸礁和海湾遮蔽区，栖息深度为 1~30 m。生性胆小。生活得极其隐蔽，多藏在缝隙和洞穴中。

分布 红海

细斑扁背鲀

Canthigaster solandri

体表呈橙棕色，下半身有蓝绿色斑点。

体长 11 cm

生活习性 栖息于潟湖和外礁遮蔽区，栖息深度为 1~55 m。

分布 从非洲东岸至日本西南部和法属波利尼西亚

横带扁背鲀

Canthigaster valentini

背部有 4 块鞍状斑，其中中间的两块向下延伸至腹部。与锯尾副革鲀相似。

体长　10 cm

生活习性　栖息深度为 1~55 m。雄鱼具领地意识，每条雄鱼的领地上最多有 7 条雌鱼，雌鱼在海藻丛中产卵，鱼卵同样通过分泌毒液来抵御捕食者。受精卵孵化期为 3~5 天，幼鱼期为 9~15 周。

分布　从红海、非洲东岸、阿曼至日本西南部、马绍尔群岛和法属波利尼西亚

泰勒氏扁背鲀

Canthigaster tyleri

体表底色为奶油色或橙棕色，吻部及颈部有蓝色条纹，其余部位则布满红棕色大斑点。

体长　8 cm

生活习性　栖息于外礁区，栖息深度为 3~40 m。通常单独在缝隙和洞穴等便于藏身的地方活动。

分布　从非洲东岸、科摩罗、毛里求斯、圣诞岛至印度尼西亚东部

黄带窄额鲀

Torquigener brevipinnis

体表呈赭褐色并布满浅白色斑点，这些斑点在吻部和颊部形成四五条较短的横条纹。

体长　14 cm

生活习性　栖息于沙砾地、泥地和海草床，栖息深度为 1~100 m。通常聚成或大或小的群活动，不太胆小。

分布　从印度尼西亚至日本南部和新喀里多尼亚

凹鼻鲀

Chelonodon patoca

背部有不少白色斑点以及分散的浅绿色和棕色斑纹。

体长　33 cm

生活习性　栖息于河口区、红树林和岸礁区泥沙地，栖息深度为 1~15 m。通常紧贴海底活动。

分布　从波斯湾、阿曼至日本西南部、巴布亚新几内亚和澳大利亚

刺鲀科
Diodontidae

与近亲鲀科鱼一样，刺鲀科鱼长有一口强有力的牙齿，可用于咬食贝类、螺、海胆或寄居蟹等带硬壳的动物。刺鲀科鱼眼睛较大，通常夜晚比较活跃，白天则多藏在庇护所里。其中有些物种长有固定的硬棘，有些物种的硬棘则可以竖起。在遇到危险时，它们会吞水使身体像气球一样鼓起，以卡在捕食者的喉咙里，这样即使是大型鲨鱼或石斑鱼也难逃窒息的命运。为了在暮色中繁殖，刺鲀科鱼会冲向水面。鱼卵在水流中孵化，孵化所需的时间不长，比如六斑刺鲀卵的孵化一般只需 4 天。

网纹短刺鲀

Chilomycterus reticulatus

体表呈浅棕色，有不少深色斑点，棘短而硬。

体长　70 cm

生活习性　栖息于珊瑚礁和岩礁斜坡经海浪冲刷的平坦遮蔽区，栖息深度为 1~141 m。白天通常将自己藏起来，幼鱼在远海浮游生活。

分布　热带和亚热带海域（不包括红海、太平洋中部海域和加勒比海）

圆点圆刺鲀

Cyclichthys orbicularis

体表呈浅棕色或锈棕色，在白沙地附近活动时体色也会变成浅奶油色。此外，体表常有成组的深色斑块和固定的棘。

体长　15 cm

生活习性　栖息于礁石和海湾沙砾地遮蔽区，栖息深度为 2~20 m。白天通常在便于藏身的地方活动，夜间会到开阔的地带捕食甲壳动物和软体动物。

分布　从红海、波斯湾、非洲东岸至日本南部和澳大利亚东北部

黄斑圆刺鲀

Cyclichthys spilostylus

体表有固定的棘，下半身的棘基部多呈黄色或棕色。

体长　34 cm

生活习性　栖息于潟湖和岸礁遮蔽区以及外礁区，栖息深度为 3~90 m。通常在海草床和有零星珊瑚的沙地附近活动。胆子比较大，以带硬壳的无脊椎动物为食。

分布　从红海、阿曼湾、非洲东岸至日本南部、澳大利亚和加拉帕戈斯群岛

六斑刺鲀

Diodon holocanthus

体表呈奶油色或浅灰色，并且有零星的深色大斑。幼鱼体表还有许多黑色小斑点（鳍上没有），这些黑色斑点的数量随着年龄的增长而减小。

体长　29 cm

生活习性　栖息于潟湖和外礁区，栖息深度为 1~100 m。通常在开阔的沙地和岩石区活动。幼鱼在长到 7~9 cm 之前均在远海浮游生活。

分布　全球热带和温带海域

密斑刺鲀

Diodon hystrix

体表有许多黑色小斑点，还有可活动的长鳍棘。

体长　80 cm

生活习性　栖息于珊瑚礁区、岩礁区、潟湖和外礁区，栖息深度为 2~50 m。白天常在悬垂物下或洞穴中活动，较少出现在近礁浅水域。主要在夜晚捕食海胆、蟹和螺。

分布　环热带海域

大斑刺鲀

Diodon liturosus

体表呈棕色或橄榄色，有少量浅色缘大黑斑，还有可活动的鳍棘。

体长　50 cm

生活习性　栖息于潟湖、外礁区和台礁区，栖息深度为 3~90 m。白天通常在缝隙中或悬垂物下活动，夜晚则捕食带硬壳的无脊椎动物。

分布　从红海、非洲东岸至日本西南部、密克罗尼西亚、澳大利亚东南部和社会群岛

第二章　无脊椎动物

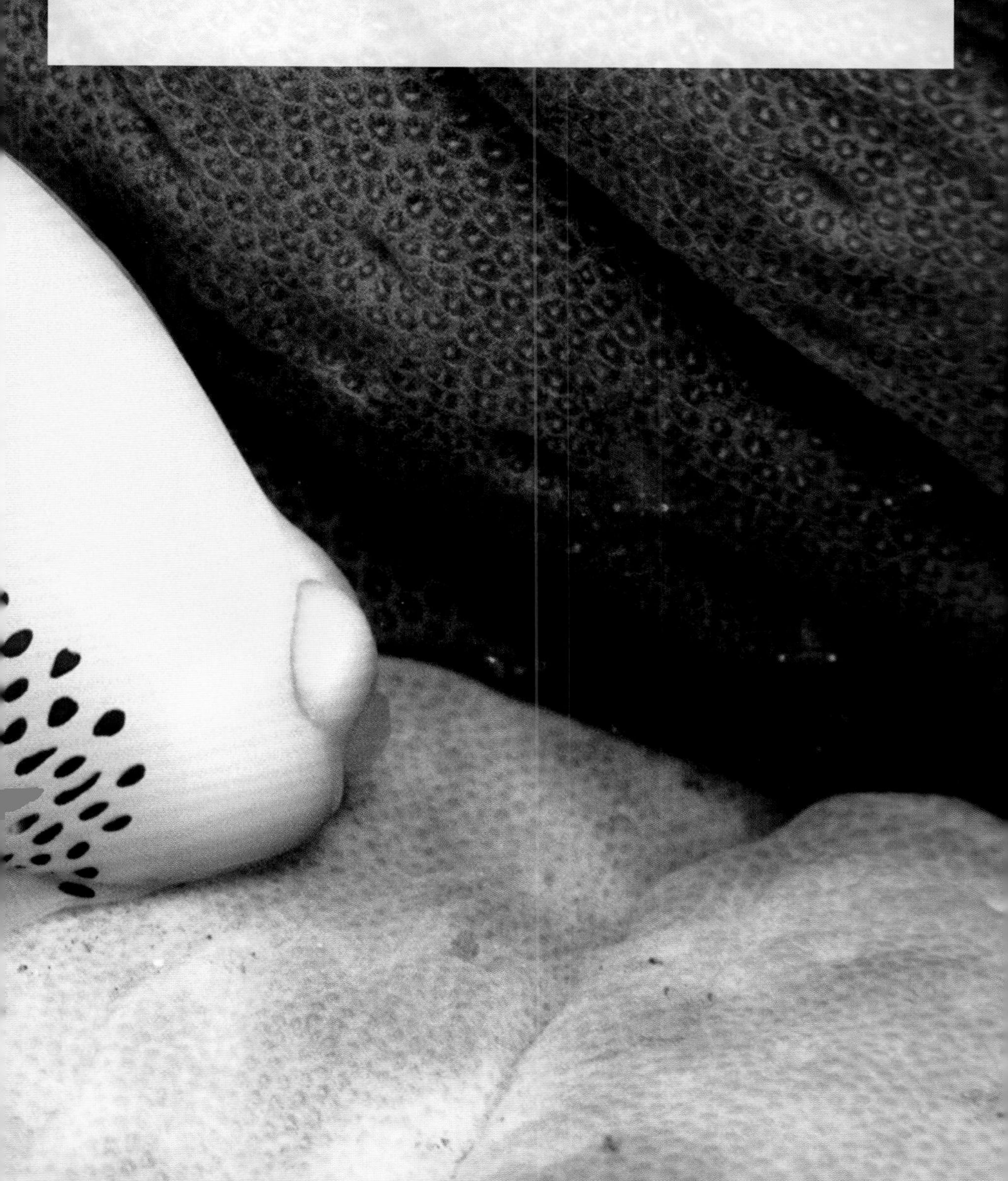

多毛类动物
Polychaeta

目前已知的大约 1 万种多毛类动物几乎全部生活在海洋中。其中四处游动的物种多是捕食者，且多在夜晚活动。而缨鳃虫等定栖的物种则生活在钙质或羊皮纸般的管穴中，通过鳃冠来捕食浮游生物。

大旋鳃虫
Spirobranchus giganteus

长有两个螺旋形鳃冠，体色极其多变。

体长　鳃冠直径为 1.5 cm

生活习性　栖息于钙质洞穴，以浮游生物为食，通常群居。极其胆小，在感觉被接近或感受到压力波时会飞速缩回洞穴中。

分布　环热带海域

印度光缨虫
Sabellastarte indica

体表呈浅棕色或深棕色。

体长　触手羽冠直径为 10 cm

生活习性　栖息于羊皮纸般的洞穴，以浮游生物为食。触手羽冠是印度光缨虫唯一可见的部位。

分布　环热带海域

黄斑海毛虫
Chloeia flava

背部有一排眼斑，体节上长有很长的刚毛。

体长　10 cm

生活习性　栖息于沿海沙砾地，白天活跃，会捕食小型动物，也吃腐肉。极易侵入人的皮肤并让人产生灼痛感。

分布　从红海、非洲东岸至西太平洋海域

扁形动物
Platyhelminthes

扁形动物薄如蝉翼，可以在地面上滑行，多食用海绵等无脊椎动物，并通过毒液抵御捕食者。

蓝色环孔涡虫
Cycloporus venetus

体表呈蓝色或蓝紫色，中间有一条白条纹，边缘呈黄色。
体长 2 cm
生活习性 以海鞘为食。
分布 从印度尼西亚至澳大利亚和日本

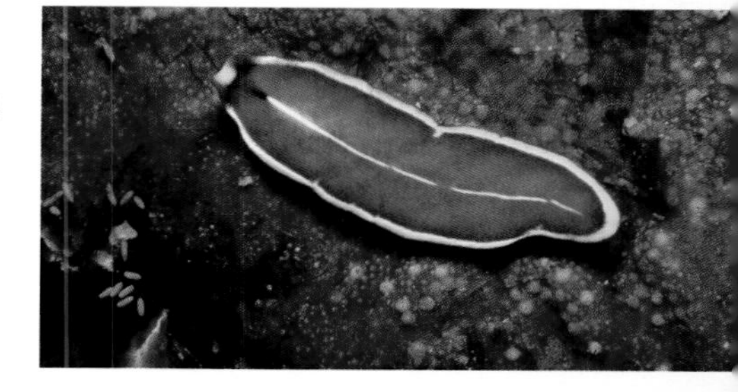

暗斑虎涡虫
Maritigrella fuscopunctata

体表呈奶油色，有橙色或棕色斑点，具波浪形褶边，褶边上有深色短条纹或斑点。
体长 3~4 cm
生活习性 栖息于硬底质区，比如砾石地。
分布 印度洋 – 西太平洋海域

黄斑扁虫
Thysanozoon nigropapillosum

体表呈黑色，边缘呈白色。身上长有许多低矮的突起，突起尖端呈黄色。
体长 5 cm
生活习性 在一些分布区相对常见，时而在海底上方一定距离的地方呈波浪状游动。
分布 从红海至密克罗尼西亚和斐济（有时某一分布区存在多个变种）

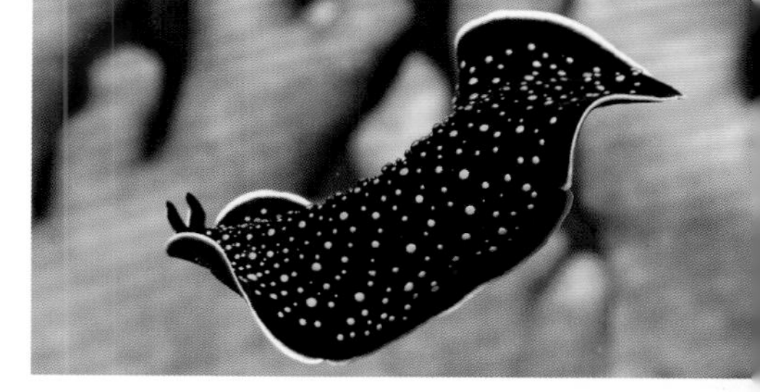

红矮伪角涡虫
Pseudoceros rubronanus

通体呈红色并有小型不规则白斑。
体长 3 cm
生活习性 栖息于礁石下方的硬底质区和沙地，偏爱在浅水域活动。
分布 从红海至西太平洋海域

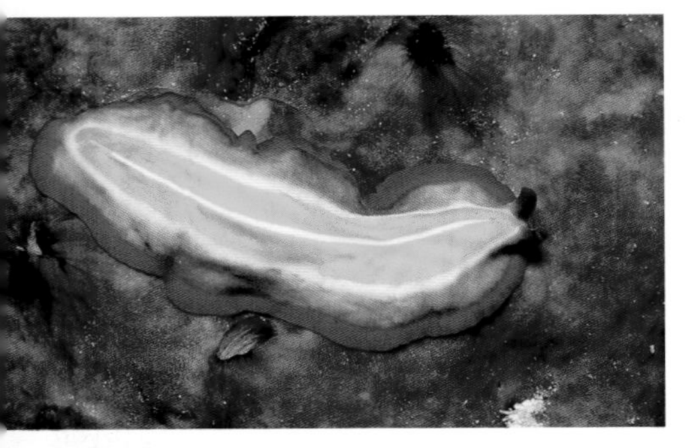

苏珊伪角涡虫

Pseudoceros susanae

背部呈橙色，中间有白色竖条纹，边缘呈紫罗兰色。

体长　3 cm

生活习性　通常在硬底质区活动，在一些海域相对常见。

分布　从印度洋中部海域（比如马尔代夫、塞舌尔附近的海域）至印度尼西亚和菲律宾

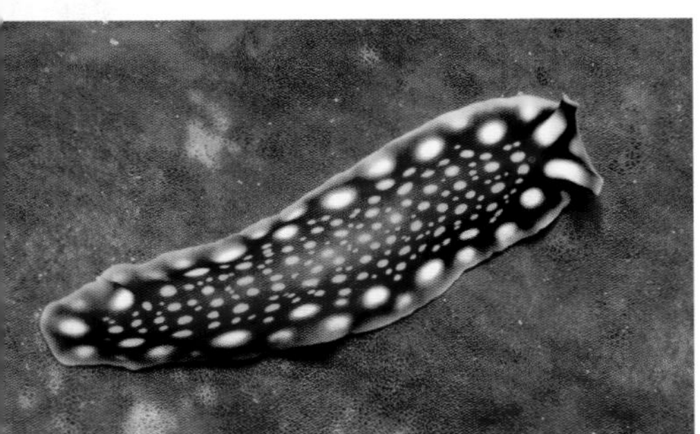

琳达伪角涡虫

Pseudoceros lindae

体表呈红棕色，有橙色斑点，边缘多散布着浅黄色或白色大斑点。

体长　5 cm

生活习性　通常在硬底质区和沙地上活动。

分布　印度洋－西太平洋海域

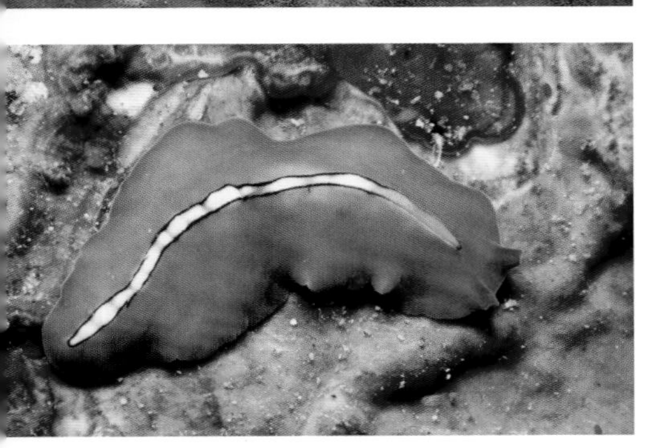

双叉伪角涡虫

Pseudoceros bifurcus

体表呈蓝色，中间有一条深色缘白条纹，条纹前部有一块橙斑。

体长　6 cm

生活习性　通常在硬底质区活动，不罕见。

分布　印度洋－西太平洋海域

双带伪角涡虫

Pseudoceros bimarginatus

体表呈奶油色，中间有一条白条纹，体表边缘的色环从外到内分别呈黄色、黑色、橙色和白色。

体长　3 cm

生活习性　通常在沙砾地上活动。

分布　红海和印度洋－西太平洋海域

纵带伪角涡虫近似种

Pseudoceros cf. dimidiatus

体表黑黄相间，像长了虎纹，边缘呈橙色。

体长 8 cm

生活习性 通常在覆有植被的硬底质区活动，以海鞘为食。目前尚不确定其是否是一个独立的物种。

分布 从红海至日本和法属波利尼西亚

纹伪角扁虫

Pseudoceros scriptus

体表呈白色，边缘呈橙色，体表图案多样且有黑色条纹与斑点。

体长 3 cm

生活习性 栖息于珊瑚礁下方有沉积物的硬底质区，以海鞘为食，间或捕食海绵。

分布 从红海至印度尼西亚、菲律宾和澳大利亚

亮岛伪角涡虫

Pseudoceros laingensis

体表呈奶油色或黄色，有许多紫色斑点。

体长 6 cm

生活习性 多见于平坦的硬底质区。

分布 印度尼西亚和巴布亚新几内亚

细点伪角涡虫

Pseudoceros leptostictus

体表底色为奶油色，上面有许多黑色、白色、橙色等颜色的斑点。边缘色环上有一些小黑斑和黄斑。

体长 3 cm

生活习性 主要在夜晚活动，以海藻为食。

分布 从红海至日本、夏威夷群岛、新几内亚岛和澳大利亚

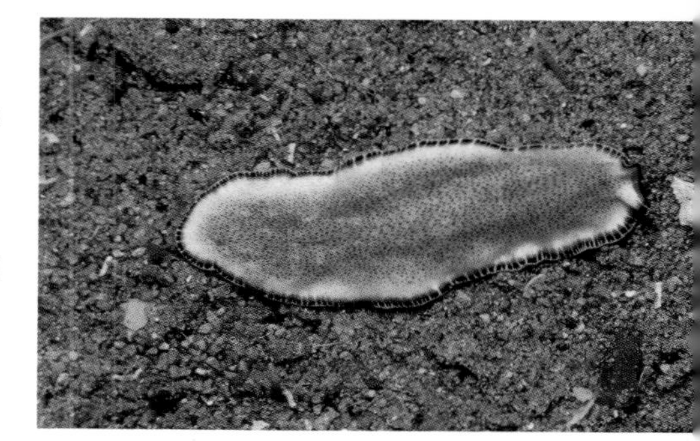

锈色伪角涡虫近似种

Pseudoceros cf. ferrugineus

体表呈锈红色或猩红色，有许多白色斑点，边缘有双色色环，其中外侧的呈黄色，内侧的呈紫色。

体长　6 cm

生活习性　栖息于岩礁区和珊瑚礁区，白天和夜晚都比较活跃，以海藻为食。

分布　从红海至夏威夷群岛和波利尼西亚

奥萨克扁虫

Maiazoon orsaki

体表呈浅白灰色或浅棕色，中间有一条极细的白条纹，边缘呈波浪形且呈黑色。

体长　3.5 cm

生活习性　相对常见。

分布　从印度尼西亚至马绍尔群岛

贝氏伪双角涡虫

Pseudobiceros bedfordi

体表散布着许多条纹，其中主要是横向的短条纹。

体长　10 cm

生活习性　体形较大，体色深且不同的个体体色不尽相同，比较显眼。能相当快地在地面上滑行，也会优雅地游动。以海胆为食。

分布　从红海至西太平洋海域

壮丽伪双角涡虫

Pseudobiceros gloriosus

体表呈黑色，有三重色环，其中外侧的呈酒红色，中间的呈粉色，内侧的呈橙色。

体长　9 cm

生活习性　主要在夜晚活动，在硬底质区尤其常见。通过像波浪一样摆动来游动。

分布　红海、夏威夷群岛和斐济

腹足类动物
Gastropoda

腹足类动物中常见于礁石附近的是带壳的前鳃亚纲动物和仅有不健全内壳的后鳃亚纲动物。不过，腹足类动物中数量最多的当属无壳的海蛞蝓。

法螺
Charonia tritonis

软体呈奶油色且上面有不少斑纹，触角上有黄棕色条纹。

体长 50 cm

生活习性 多在岩石上和软底质区活动，夜晚捕食大型海星，包括棘冠海星。

分布 从红海、非洲东岸至波利尼西亚

希比花苞海蛞蝓
Coriocella hibyae

体表有瘤状物（似手指），并有少量深色斑点。

体长 4 cm

生活习性 多在水深 2~15 m 处的砾石地和珊瑚石上活动，常被误认为裸鳃类动物，但其肉质外衣下方藏有一壳。

分布 马尔代夫和印度尼西亚

蝎尾蜘蛛螺
Lambis scorpius

外壳上（包括虹吸管在内）共有 7 个结状突起，身体下侧有深色横条纹。

体长 16 cm

生活习性 多在浅水域的硬底质区和沙地上活动。

分布 从印度尼西亚西部至马绍尔群岛和斐济

蝙蝠涡螺

Cymbiola vespertilio

壳上有浅红棕色斑块和细长的条纹，足和虹吸管呈深棕色并带有浅黄色斑纹。

体长 15 cm

生活习性 多在沙砾地上活动，可将身体埋于地下。

分布 印度洋 – 西太平洋海域

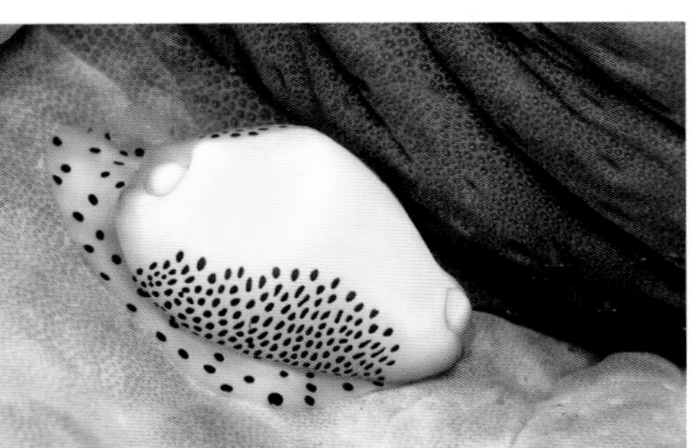

玉兔螺

Calpurnus verrucosus

外壳呈白色，体前和体后各有一个黄白色的脐状物，外套膜和足呈白色且带有深色或黑色斑点。

体长 4 cm

生活习性 以叶形软珊瑚和肉芝软珊瑚为食，常出现在这些珊瑚附近。

分布 从红海、非洲东岸至菲律宾、日本、澳大利亚和斐济

海兔螺

Ovula ovum

外套膜呈黑色且上面有黄色或白色斑点，外壳则呈白色。

体长 10 cm

生活习性 多出现在水深0.3~20 m处的珊瑚礁区，以肉芝软珊瑚和指形软珊瑚等软珊瑚为食。幼体长有黄白色的指状和水泡状附属物，常被误认为裸鳃类动物。

分布 从红海至菲律宾、密克罗尼西亚和法属波利尼西亚

黑星宝螺

Cypraea tigris

外壳呈奶油色，上面有形状多样的不规则斑点图案，外壳上的黑斑边缘不清晰且呈橙色或红色。外套膜呈浅灰色，上面有白色和深色斑点和细长的条纹，长长的尖端呈白色。

体长 12 cm

生活习性 多在珊瑚枝杈间和沙地上活动，食用海藻和小型无脊椎动物。

分布 印度洋 – 太平洋海域（红海里是其姐妹种花豹宝螺）

地纹芋螺

Conus geographus

体表呈奶油色并且有红棕色斑纹，外套膜上有深色斑纹。

体长 16 cm

生活习性 夜晚活跃，以鱼为食，芋螺科最凶猛的物种，是很多人类致死事件的元凶。

分布 从红海至法属波利尼西亚

织锦芋螺

Conus textile

体表图案像浅色的金字塔，有边缘模糊深色斑。虹吸管顶端有黑白红相间的条纹。

体长 15 cm

生活习性 夜行动物，以芋螺科的其他物种为食，在少数情况下吃鱼和蠕虫。极其危险，潜水员被其刺伤的话有死亡的危险。

分布 从红海至夏威夷群岛和法属波利尼西亚

细线芋螺

Conus striatus

外壳呈橙棕色，上面有由细短的横条纹构成的深棕色区域。

体长 13 cm

生活习性 常在沙砾地等硬底质区活动，白天将自己埋在地下或藏于石间，多夜晚活动，以鱼为食，极其危险。

分布 从红海至夏威夷群岛和法属波利尼西亚

密纹泡螺

Hydatina physis

白色外壳上有许多深色条纹，足宽，呈浅棕色或紫红色，边缘呈蓝色波浪状。

体长 6 cm

生活习性 多在浅水域沙地的遮蔽区活动，以毛足纲动物和软体动物为食。

分布 从红海至夏威夷群岛

燕尾多彩海蛞蝓

Chelidonura varians

体表呈黑色，头部及外套膜边缘有深色蓝条纹，尾部有两个长短不一的突起。

体长　5 cm

生活习性　在一些海域数量较多，常出现在沙砾地等硬底质区，会将身体埋于沙中。

分布　从印度尼西亚至澳大利亚、所罗门群岛以及斐济

福斯卡侧鳃海蛞蝓

Pleurobranchus forskalii

体色多变，上表面有成组平矮的突起。

体长　15 cm

生活习性　常在沿海泥沙地、海草床和珊瑚区活动。白天常将身体埋于地下或藏在海草间，夜晚活跃，捕食海鞘和海绵，常将外套膜尾部卷成管状。

分布　从红海、非洲东岸至日本、关岛和法属波利尼西亚

血红六鳃海蛞蝓

Hexabranchus sanguineus

体色多变，多为红色、橙色、黄色或棕色。

体长　60 cm

生活习性　常在水深 1~50 m 的珊瑚礁区活动，是体形最大的海蛞蝓，可通过像波浪一样摆动身体来优雅地游动。在硬底质区产卵，并将卵包裹成独特的红色纱状物。

分布　从红海（该区域的血红六鳃海蛞蝓通体呈亮红色）、非洲东岸至夏威夷群岛和法属波利尼西亚

太平洋多角海蛞蝓

Thecacera pacifica

体表呈橙色或橙棕色，有蓝黑色斑纹和两个长长的管状突起。

体长　5 cm

生活习性　常在水深不超过 20m 处的珊瑚碎屑地、砾石地、珊瑚石或海草床附近活动，以海鞘为食。

分布　从红海、非洲东岸至菲律宾、日本、夏威夷群岛和瓦努阿图

冠多角海蛞蝓

Nembrotha cristata

体表呈黑色并长有绿色圆形疣状突起，鼻通气管基部有一绿环，簇状鳃叶局部区域呈绿色。

体长 12 cm

生活习性 常在水深不超过 40 m 的珊瑚碎屑地等硬底质区活动，以海鞘为食。

分布 从马尔代夫、马来西亚至日本、马绍尔群岛、所罗门群岛和澳大利亚东部

加德纳三鳃海蛞蝓

Aegiris gardineri

身体极其坚固、硬实，体表亮黄色和黑色相间，黑黄区域比例多变。

体长 8 cm

生活习性 常在硬底质区活动，以海绵为食。

分布 从马尔代夫至澳大利亚、日本西南部、印度尼西亚和巴布亚新几内亚

八打雁海蛞蝓

Halgerda batangas

体表由橙色线条勾勒出了网状图案，角状突起的顶端也呈橙色。

体长 4 cm

生活习性 常在硬底质区活动，以海绵为食。

分布 从马来西亚、印度尼西亚至菲律宾、马绍尔群岛、澳大利亚和所罗门群岛

烙印盘海蛞蝓

Jorunna funebris

体表呈白色，长有黑色针叶似的突起。

体长 5.5 cm

生活习性 以海绵为食。

分布 从红海、非洲东岸至日本西南部、马绍尔群岛和斐济

豹纹多彩海蛞蝓

Chromodoris leopardus

外套膜边缘细窄且呈紫罗兰色，上面有赭红棕色斑纹和豹纹图案。

体长　6 cm

生活习性　以蓝海绵等海绵为食。与其相似的蓝色多彩海蛞蝓（*Chromodoris tritos*）、昆氏多彩海蛞蝓（*Chromodoris kuniei*）和崔氏多彩海蛞蝓（*Risbecia tryoni*）体表没有豹纹图案，只有斑点。

分布　从印度尼西亚、巴布亚新几内亚至菲律宾、澳大利亚西北部和东部

希纳特万多彩海蛞蝓

Chromodoris hintuanensis

外套膜边缘细窄且呈紫红色，上面有白色小突起。背部有一些红棕色圆环图案。

体长　3 cm

生活习性　常出现在硬底质区和沙地上，爬行时会让外套膜前部边缘不断抬起、落下。

分布　从安达曼海、印度尼西亚至菲律宾、日本和巴布亚新几内亚

威廉多彩海蛞蝓

Chromodoris willani

体表呈浅蓝白色并有不连续的蓝条纹。鼻通气管上和鳃部有许多不透明的白色斑点。

体长　3.5 cm

生活习性　常出现在礁坡和陡壁附近，以海绵为食。

分布　从马来西亚、印度尼西亚至菲律宾、关岛和瓦努阿图

扇贝多彩海蛞蝓

Goniobranchus coi

外套膜最外层有一圈细细的紫罗兰色边线，边线内侧有一圈浅紫色环纹。

体长　5 cm

生活习性　通过让外套膜边缘上下起伏来爬行，多在遮蔽区活动，以海绵为食。

分布　从印度尼西亚至菲律宾、日本、马绍尔群岛、斐济、瓦努阿图和澳大利亚

黑边多彩海蛞蝓

Doriprismatica atromarginata

外套膜呈奶油色或浅棕色，边缘呈明显的波浪状，带有黑色边线。

体长　10 cm

生活习性　分布广泛，比较常见。常在硬底质区活动，以海绵为食，曾被认为是舌尾海蛞蝓属（*Glossodoris*）的物种。

分布　从红海、非洲东岸至日本、夏威夷群岛、澳大利亚东南部和法属波利尼西亚

镶边多彩海蛞蝓

Hypselodoris apolegma

外套膜呈紫色且带有白色边线，鳃部和鼻通气管尖端呈黄色。

体长　10 cm

生活习性　常出现在硬底质区，在一些海域比较常见。直到几年前才被定种。

分布　从马来西亚、印度尼西亚至菲律宾和日本

崔氏多彩海蛞蝓

Risbecia tryoni

体表底色为浅红棕色，上面的奶油色区域均有深色斑点。

体长　7 cm

生活习性　常一前一后成对出现，其中后面那只的头部搭在前面那只的尾部，并在爬行时不断抬头和低头。

分布　从马来西亚、印度尼西亚至日本、马绍尔群岛、澳大利亚和法属波利尼西亚

波翼多彩海蛞蝓

Ceratosoma tenue

外套膜边缘有不连续的蓝紫色短纹，体侧有两对小型瓣状腺体，鳃后有一个极大的角状腺体。

体长　10~12 cm

生活习性　以海绵为食，毒液主要藏在角状腺体中，以防御捕食者。

分布　从非洲东岸至日本、夏威夷群岛和新喀里多尼亚

展纹叶海蛞蝓

Phyllidia varicosa

体表底色为蓝色，上面有黑色竖条纹，足边缘有不规则的横条纹。

体长　11 cm

生活习性　分布广泛，比较常见，或许是最知名的一种叶海蛞蝓。多在珊瑚石上爬行，也会出现在砾石上。以海绵为食。

分布　从红海、非洲东岸、马达加斯加、留尼汪岛至日本、帕劳和社会群岛

眼斑叶海蛞蝓

Phyllidia ocellata

体表图案多变，大多数个体体表呈黄色或橙色并有黑色和白色斑纹。

体长　7 cm

生活习性　相对常见，多在开阔区域四处爬行，非常显眼。以海绵为食。

分布　从红海、非洲东岸至日本、马绍尔群岛、瓦努阿图和斐济

紫灰翼海蛞蝓

Pteraeolidia ianthina

体色多变，有蓝色、绿色、米色、紫色的个体。

体长　10 cm

生活习性　常出现在珊瑚礁区的平坦地带，多在硬底质区活动。以各种羽螅和软珊瑚为食，通过背部的附着物收集羽螅的刺细胞。

分布　印度洋–太平洋海域（包括红海）

美艳扇羽海蛞蝓

Flabellina exoptata

鼻通气管呈橙色，露鳃尖端呈白色，基部呈紫红色。

体长　3 cm

生活习性　在浅水域上方活动，多出现在真枝螅属水螅纲动物上，并以它们为食。

分布　从非洲东岸至菲律宾、日本、关岛、夏威夷群岛和巴布亚新几内亚

头足类动物
Cephalopoda

莱氏拟乌贼
Sepioteuthis lessoniana

体色多变，通常一个个体身上有多种颜色，像彩虹一样。触手比身体短。

体长　36 cm

生活习性　栖息于潟湖、海湾和外礁遮蔽区，栖息深度为 0.5~100 m。白天常聚成小群活动，有时也会聚成大群出现在水面附近，交配也在白天进行。夜晚尤其活跃，捕食鱼和甲壳动物。潜水员有时能在沉积物上发现其卵囊。

分布　从红海、非洲东岸至日本、夏威夷群岛和波利尼西亚

白斑乌贼
Sepia latimanus

体色多样（这里展示了两种体色的个体，其中上面的那种更常见）。

体长　50 cm

生活习性　珊瑚礁区体形较大的物种，比较常见，栖息深度为 2~30 m。分布区域较广，能根据周围的环境来改变体色和体表肤质（有些体表平滑，有些长有许多突起）。白天活跃，捕食鱼和甲壳动物。在大多数情况下，潜水员可以缓慢地靠近它。

分布　从安达曼海、印度尼西亚至日本、斐济和澳大利亚北部

火焰乌贼

Metasepia pfefferi

外套膜上有大型角状突起，能迅速在体表呈现亮黄色、红色和白色图案，总之是颜色艳丽的图案。

体长　8 cm

生活习性　常出现在沿海和海湾泥沙地上，通过从漏斗喷水和一对外套膜腺体发力直挺挺地游动。白天活跃，捕食小鱼和甲壳动物。被其咬伤后会中剧毒。

分布　从马来西亚、印度尼西亚至菲律宾、澳大利亚北部和巴布亚新几内亚

柏氏四盘耳乌贼

Euprymna berryi

体形较小，整体呈圆形，体表遍布深色斑纹，这些斑纹常呈斑斓的蓝绿色。

体长　5 cm

生活习性　栖息于泥沙地和珊瑚石，会将身体埋于沙中。可能因为黏液腺发挥了作用，能让沙粒像面糊一样附着在身上以达到伪装的目的。夜晚活跃，多底栖。

分布　从印度尼西亚、菲律宾至日本南部

蓝蛸

Octopus cyanea

体表可呈现各种图案，具体视情绪而定，其中有些个体外套膜的两侧基部各有一大块椭圆形斑点。有些个体体表常呈红棕色，越靠近腕的尖端颜色越暗，腕上有成排的白色斑点。体色很暗、身上有白色宽条纹的个体也比较常见。

体长　腕最长达 80 cm

生活习性　本种是潜水员在印度洋 – 太平洋海域礁区最常见到的一种章鱼，白天活跃。会将小型洞穴和岩石缝隙作为其庇护所，并借助于贝壳和石块来封住庇护所入口。主要以甲壳动物为食，偶尔吃软体动物和鱼。

分布　从红海、非洲东岸至夏威夷群岛以及波利尼西亚

条纹蛸

Amphioctopus marginatus

体表有深色网格图案（又名网纹章鱼或脉纹章鱼），底色通常是深红棕色，也能变成米色。白色或蓝白色的吸盘极其显眼。

体长　腕最长可达 15 cm

生活习性　栖息于海湾、潟湖和沿海平坦泥沙地遮蔽区。会将身体埋于沙中，也常躲在空贝壳或空椰子壳里。

分布　印度洋 – 西太平洋海域

星空柔蛸

Callistoctopus luteus

通常通体呈红色并有许多白色斑点。

体长　腕最长可达 80 cm

生活习性　体形大，但不太知名，常出现在沙砾地上，夜晚活跃。不怎么胆小，允许潜水员靠近。

分布　从印度尼西亚至菲律宾、中国台湾和巴布亚新几内亚

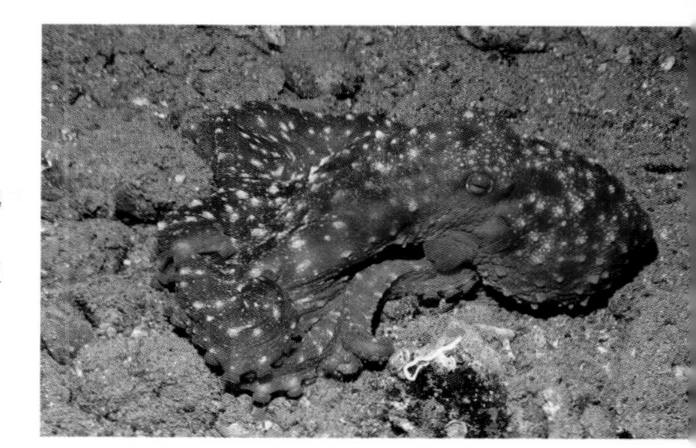

斑马章鱼

Wunderpus photogenicus

腕又长又细，体表的条纹颜色分布不均。与拟态章鱼相似，但吸盘边缘没有白色条纹。

体长　腕最长可达 20 cm

生活习性　栖息于近岸沙砾地，栖息深度为 3~20 m。生性胆小，在潜水员靠近时会潜入地里，能快速改变体态。

分布　从印度尼西亚、菲律宾至所罗门群岛和瓦努阿图

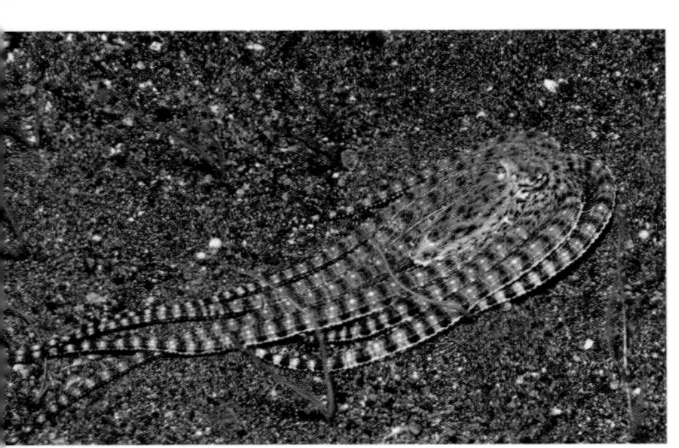

拟态章鱼

Thaumoctopus mimicus

腕又长又细，体表有白色、棕黑色相间的条纹。吸盘边缘有一条白色条纹，这是其与斑马章鱼的主要区别。

体长　腕最长可达 30 cm

生活习性　栖息于沿海和海湾泥沙地遮蔽区。生性胆小，爱将身体埋于沙中，只露出头向外探视。本种因能在行为和体态上模仿许多动物（如比目鱼和海蛇）而知名。

分布　从印度尼西亚、菲律宾至巴布亚新几内亚和新喀里多尼亚

大蓝环章鱼

Hapalochlaena lunulata

体表有蓝环，且蓝环多比眼睛大。

体长　腕最长可达 7 cm

生活习性　栖息于珊瑚礁遮蔽区和海浪冲刷区，栖息深度不超过 10 m。雄性在交配时会爬到雌性背部并完全挡住其眼睛。在受到威胁时会使体表通常不太显眼的环纹的颜色变成亮蓝色。在砾石地上捕食小型甲壳动物和鱼，可通过腺体分泌毒性极强的毒液来杀死猎物，毒液也会让人致命。

分布　从斯里兰卡、印度尼西亚至菲律宾、澳大利亚东北部和瓦努阿图

甲壳动物
Crustacea

已知的甲壳动物约有 5 万种。它们的硬壳——外骨骼坚固而轻盈，将身体完全包起来，不会随着身体的生长而生长，因此会在一段时间后换壳：换壳之前，旧壳下会先长出一个柔软的新壳。甲壳动物一旦脱离了旧壳，就会在新壳变硬之前突然长大。甲壳动物的壳每换一次长度增加 30%。

安波鞭藻虾
Lysmata amboiensis

红色的背部有白色条纹。
体长　6 cm
生活习性　栖息于礁石缝隙，栖息深度为 1~30 m。通常成对或者聚成小群活动，是清洁虾。会用触须做出标志性动作来吸引“顾客”。
分布　印度洋 – 太平洋海域

安波托虾
Thor amboiensis

会让后半身一直向上翘起。
体长　2 cm
生活习性　多成对或聚成小群在海葵触手间活动。雌性的体形几乎是雄性的 2 倍，比较常见。
分布　环热带海域

花斑扫帚虾
Saron marmoratus

花斑扫帚虾家族中已知有 12 余种不同体色的虾，但是都没有被定种。
体长　6 cm
生活习性　生性胆小，夜晚活跃。常常出现在有缝隙和洞穴的硬底质区。
分布　从红海、非洲东岸至西太平洋海域

钩背船形虾

Tozeuma armatum

体形极其纤细。体表长有又长又尖的喙状突起，从前往后都有横条纹。

体长　5 cm

生活习性　栖息于柳珊瑚，体色会随着寄主的颜色变化，比如呈黄色、灰蓝色、红色和橙色，从而很好地伪装自己。

分布　印度洋－西太平洋海域（如从印度尼西亚巴厘岛至菲律宾、日本和新喀里多尼亚）

猬虾

Stenopus hispidus

头部呈红白色，后半身和螯上均有红白相间的条纹。

体长　5 cm

生活习性　栖息于潮汐池，栖息深度不超过 35 m。常成对在洞穴和缝隙中活动，雄性体形比雌性小。是一种清洁虾，比较常见，会通过摆动长长的触须来吸引“顾客”。

分布　环热带海域

骆驼虾

Rhynchocinetes durbanensis

体表呈红色，有白色条纹和白色斑点。

体长　4 cm

生活习性　常出现在岩礁和珊瑚礁硬底质区，以洞穴和缝隙为庇护所。常成组出现，相对常见。

分布　从红海至西太平洋海域

油彩蜡膜虾

Hymenocera picta

体表有不少浅蓝紫色斑点，螯呈盘状。雌性体形比雄性大。

体长　5 cm

生活习性　常成对在浅水域砾石地等硬底质区活动，具领地意识。会将海星翻转并食用其内脏和管足。雌性通过释放激素来吸引雄性与之交配。

分布　印度洋－西太平洋海域（包括红海）

短腕岩虾

Periclimenes brevicarpalis

身体略透明，体表有不少大白斑，尾部有 5 块深色缘橙斑。

体长 4 cm

生活习性 雌性体形大概是雄性的 2 倍，通常成对或集群在海葵，尤其是拿破仑地毯海葵触手间活动。

分布 从红海至日本和法属波利尼西亚

象鼻岩虾

Periclimenes imperator

体色会根据寄主的体色发生变化，比如变成红色或浅橙色，体表有白色斑纹。

体长 2 cm

生活习性 与体形较大的海蛞蝓、海参和海星偏利共生，食腐，也吃皮肤碎屑。

分布 从印度洋（包括红海）至日本、夏威夷群岛和法属波利尼西亚

安汶劳氏虾

Laomenes amboiensis

体色会随着寄主海百合的颜色发生变化。

体长 2 cm

生活习性 生活在海百合上，会通过改变体色来伪装自己。

分布 印度洋 – 太平洋海域

气泡珊瑚虾

Vir philippinensis

体透明，腿部和螯上有细长的蓝紫色条纹。

体长 1.5 cm

生活习性 仅与气泡珊瑚共生。

分布 印度洋 – 西太平洋海域（包括红海）

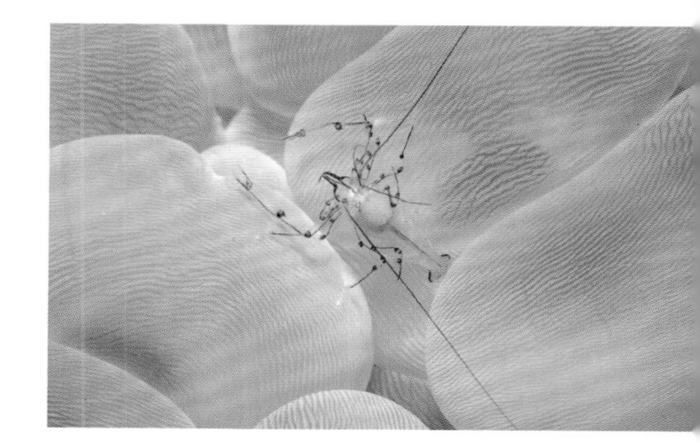

杂色龙虾

Panulirus versicolor

触角呈浅白色，腿部有白色长条纹，尾部有黑白相间的横条纹。

体长　40 cm

生活习性　白天常藏在缝隙中并露出长长的触角，通常聚成小群活动。夜晚在礁石间游动以捕食无脊椎动物和死鱼。

分布　从红海至日本和法属波利尼西亚

足纹龙虾

Panulirus femoristrigata

头壳侧面有一块 V 字形大白斑，尾部呈棕色并有许多白色斑点。

体长　30 cm

生活习性　白天多在浅水域悬垂物下活动，夜晚外出觅食（捕食海鳝和无脊椎动物），仅与气泡珊瑚共生。

分布　印度洋－太平洋海域

鳞突拟扇虾

Scyllarides squammosus

体中部有两三块较大的红棕色斑纹，叶片状触角边缘呈锈红色或橙红色。

体长　40 cm

生活习性　多栖息于珊瑚礁区和岩礁区，栖息深度为 8 m。夜晚活跃，多在硬底质区活动。

分布　从印度洋至日本、夏威夷群岛以及新喀里多尼亚

隆背瓢蟹

Carpilius convexus

背部的壳平滑，体色多变，通常通体呈橙红色或棕色，有些个体壳上有大理石纹路。

体长　9 cm

生活习性　常出现在礁顶和礁坡上，夜晚觅食螺和海胆，会用螯破坏这些动物的外壳。

分布　从红海至日本、夏威夷群岛以及法属波利尼西亚

柄真寄居蟹

Dardanus pedunculatus

眼虹膜呈绿色，眼睛附近有红白色圆环，左侧的螯偏大。

体长 10 cm

生活习性 杂食性动物，夜晚活跃，几乎总与海葵共生，并在游动时将海葵置于大壳中。

分布 印度洋－太平洋海域

鲍氏异铠虾

Allogalathea babai

体色会跟随寄主海百合的颜色变化，但背中部始终有一条浅色的宽条纹。

体长 2 cm

生活习性 只与海百合共生，会用虾钳捕食浮游动物。直到 2010 年才被记载，此前一直被误认为是美丽异铠虾（虾钳上有条纹）。

分布 印度洋－太平洋海域

红斑新岩瓷蟹

Neopetrolisthes maculatus

体色多变，体表有时有大斑点或许多小斑点。

体长 3 cm

生活习性 与海百合共生，几乎总是成对活动。滤食性动物，通过长有细长绒毛的第三颚足像扇叶一样在水中摆动。

分布 印度洋－太平洋海域

花纹细螯蟹

Lybia tessellata

背部硬壳底色为白色，上面有黑缘橙棕色斑块，整个图案看上去类似于马赛克。

体长 背部硬壳直径不超过 0.5 cm

生活习性 栖息于平坦的硬底质区，栖息深度不超过 15 m。螯上常附着与其共生的海百合，以防御天敌。

分布 从非洲东岸至关岛、日本和萨摩亚群岛

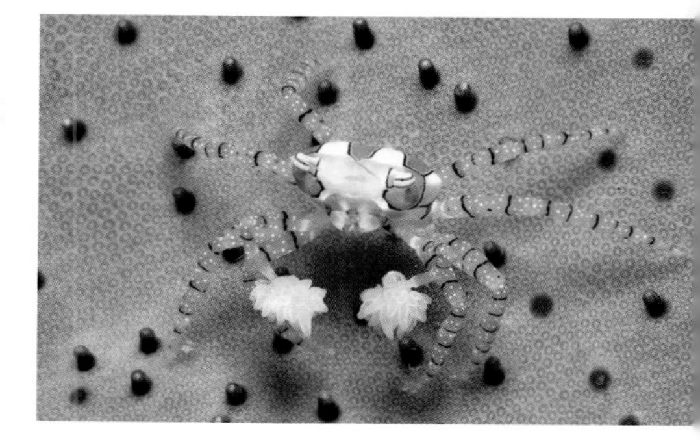

亚当斯斑蟹

Zebrida adamsii

体表底色为白色，上面有棕色条纹，两眼间有两个角状突起。

体长　背部硬壳直径不超过 2 cm

生活习性　与囊海胆共生，因此可被很好地保护。足尾呈钩状，以便将自己固定在海胆棘刺上。

分布　从西太平洋海域至夏威夷群岛

钝额曲毛蟹

Camposcia retusa

长得很像捕鸟蛛，会用周围环境中的海绵等来伪装自己。

体长　背部硬壳直径为 3 cm

生活习性　主要在夜晚活动，白天偶尔可见。

分布　印度洋 – 太平洋海域

蝉形齿指虾蛄

Odontodactylus scyllarus

体表绿色（雄性身上的绿色比雌性身上的更深）区域较多，也有一些红色或浅棕色区域。长有标志性的椭圆形眼睛和捕捉足。

体长　18 cm

生活习性　多在岸礁与外礁坡的平坦区域活动，栖息深度为 1~50 m。白天活跃，但在受到干扰后会快速躲进洞穴中。

分布　从非洲东岸至关岛和萨摩亚群岛

斑琴虾蛄

Lysiosquillina maculata

体表有深色横条纹，长有镰刀型虾蛄标志性的椭圆形眼睛，捕捉足上的齿也具有代表性。

体长　40 cm

生活习性　多出现在岸礁和外礁沙地，栖息深度为 1~20 m。会在自行挖掘的洞穴（直径达 12 cm，长达 5 cm）中休息，夜晚外出捕食。

分布　印度洋 – 太平洋海域（不包括非洲东岸）

棘皮动物
Echinodermata

棘皮动物包括海百合、蛇尾、海星、海胆和海参等，它们的共同点是身体呈五辐射对称。蛇尾和海星的这一特征尤其明显。此外，它们独特的水管系统可以帮助它们运动。它们之所以被称为棘皮动物，是因为皮肤下方的骨骼支撑着许多棘，这一点在海胆身上尤为突出。

蛇目白尼参

Bohadschia argus

体色多变，有奶油色、浅蓝灰色、褐橙色等，体表有一块眼斑。

体长　60 cm

生活习性　栖息于近礁沙砾地，栖息深度为 1~40 m。在受到干扰时会排出白色的居维叶氏管。

分布　从塞舌尔至日本西南部和法属波利尼西亚

高氏真锚参

Euapta godeffroyi

体色多变，体表有眼斑。

体长　150 cm

生活习性　在受到干扰时会将身体缩至原来体长的 1/3，白天躲藏起来，夜晚到沙地上活动。

分布　印度洋－太平洋海域（包括红海）

格皮氏海参

Pearsonothuria graeffei

体表有许多深色小斑点，嘴部有黑色叶状触须。

体长　50 cm

生活习性　栖息于岩礁和珊瑚礁硬底质区，栖息深度为 3~30 m。白天和夜晚都很活跃。会用宽宽的管足刮下地面上的碎屑和微小的生物。

分布　印度洋－太平洋海域（包括红海）

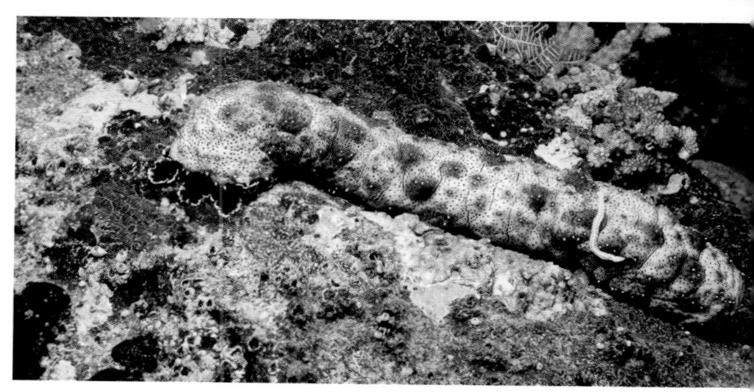

蓝海星

Linckia laevigata

中央盘小，腕长，多在表面粗糙的地带活动。大多呈蓝色，也有些个体呈粉色、棕色、紫红色或浅蓝色。

体长 30 cm

生活习性 多在水深不足 1 m 的硬底质区和海草床上活动，白天常出现在透光的浅水域。

分布 从非洲东岸至西太平洋海域和夏威夷群岛

粒皮瘤海星

Choriaster granulatus

背部高耸，腕短而粗壮。体色多变，可从浅奶油色变为橙棕色，腕尖的颜色大多更浅或更深。

体长 25 cm

生活习性 栖息于礁顶和礁坡的硬底质区或珊瑚（偶尔也出现在珊瑚碎屑中），栖息深度为 2~40 m。白天有时藏在缝隙中。

分布 从红海、非洲东岸至日本和斐济

面包海星

Culcita novaeguineae

整体像一个半球形的枕头，体色多变。

体长 25 cm

生活习性 栖息于浅水域珊瑚礁区的砾石地。以贝类、螺、蠕虫、海胆和海星等为食，尤其爱吃鹿角珊瑚和杯形珊瑚。

分布 东印度洋和西太平洋海域

棘冠海星

Acanthaster planci

有 7~23 条腕（大多数个体有 15 或 16 条），毒棘最长达 5 cm。体色多变，有奶油色、浅棕色、橄榄色、红色和紫罗兰色。

体长 大多不超过 30 cm，最大可达 50 cm

生活习性 栖息于水深 0.5~30 m 处的珊瑚礁，以珊瑚虫为食。通常夜晚活动，白天藏在珊瑚枝杈间。

分布 从红海、非洲东岸至日本、墨西哥和波利尼西亚

高腰海胆

Mespilia globulus

体表有 5~10 条带棘的条带，条带之间为无棘的蓝色区域。

体长 6 cm

生活习性 多在砾石地等硬底质区活动，以海藻为食，常借助于小石子伪装自己。

分布 从印度尼西亚至菲律宾、澳大利亚和新喀里多尼亚

囊海胆

Asthenosoma varium

体表有成群的短棘，其中一些短棘上有蓝色毒液泡，胆身呈浅红色。

体长 25 cm

生活习性 多在水深 1~285 m 处的泥沙地和砾石地活动，白天多将自己藏起来，夜晚活跃，会在开阔的区域活动。被其棘刺刺伤后特别痛。

分布 从阿曼至日本西南部、澳大利亚和新喀里多尼亚

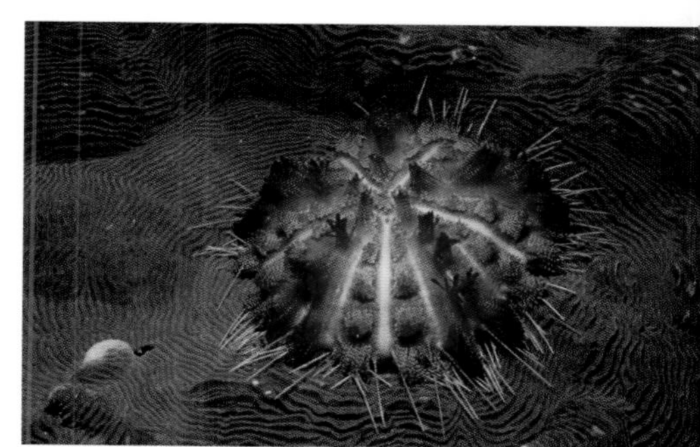

石笔海胆

Heterocentrotus mammillatus

棘刺大而粗壮，钝尖有双棱或三棱，胆身呈亮红色或红棕色。

体长 30 cm

生活习性 栖息于浅水域礁顶和礁坡上游，夜晚活跃，白天会借助于棘刺将自己嵌在缝隙和洞穴中。

分布 从红海、非洲东岸至波利尼西亚

星肛海胆

Astropyga radiata

体表有成群的深红色棘刺，无棘刺的放射状区域有成排的亮蓝色斑点。

体长 25 cm

生活习性 多成群在水深不足 6 m 的软底质区，比如开阔的沙地上活动。被其棘刺刺伤后很痛。

分布 从非洲东岸至菲律宾、日本西南部和新喀里多尼亚

第三章 海洋中的爬行动物和哺乳动物

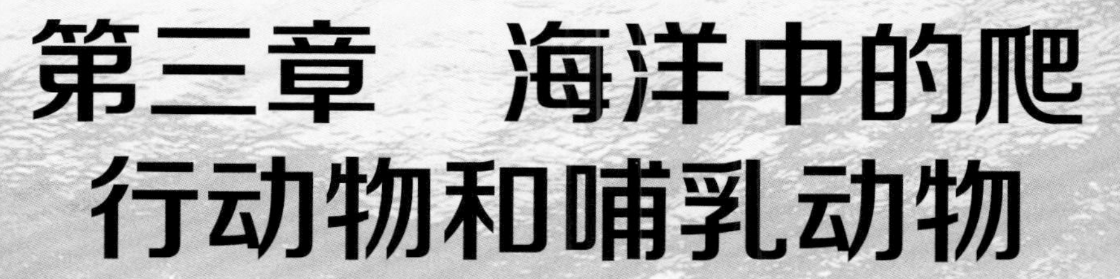

海龟
Testudines

海龟会在海洋中长距离迁徙，玳瑁更是以迁徙超过11 000 km而闻名。凭借出色的磁场感应能力，它们可以像候鸟一样确定方位，其中雌龟甚至可以找到自己的出生地并在那里产卵。海龟在海洋中交配，然后雌龟爬到陆地上产卵再回到海里。雌龟通常每两年产一次卵，卵孵化离不开太阳光，最终孵出的是雄龟还是雌龟取决于环境温度。其中赤蠵龟的卵在30℃以上时孵出的幼龟是雌性的，在28℃以下时孵出的幼龟则是雄性的，温度在28~30℃之间时，两种性别均可出现。孵化时间大约为两个月。

玳瑁

Eretmochelys imbricata

有两对前额鳞，上喙钩曲，背甲盾片呈覆瓦状排列，且边缘常呈锯齿状。

大小 114 cm，77 kg

生活习性 栖息于礁区，是大多数热带海域礁区最常见的海龟。杂食性动物，但主要以无脊椎动物为食，特别是海绵和软珊瑚，也吃海百合、水母（包括带剧毒的箱形水母）。因背甲可用于制作铠甲而被广泛捕杀，生存因此受到威胁。

分布 热带和亚热带海域

绿蠵龟

Chelonia mydas

有一对很大的前额鳞。

大小 150 cm， 150 kg

生活习性 栖息于礁区，常出现在海草床上。成龟主要以红树和海草等植物为食，幼龟主要吃软体动物。雌龟每两三年产一次卵，会在每个巢穴里产 100~150 颗卵，同一个产卵期里产卵间隔时间为 10~15 天。

分布 热带和亚热带海域

右图 筑巢时的绿蠵龟：雌龟基本只在夜晚爬上海滩，到最高潮位以上的地方筑巢。它们会先挖一个 40~50 cm 深的坑并将卵置于其中，然后用沙子小心地将卵盖住，尽可能不留下筑巢的痕迹，最后爬回大海。

右图 幼龟：50~80 天后，幼龟孵出，从沙中爬出来，并以尽可能快的速度穿过海滩进入大海。幼龟即使只要爬这么短的距离也很危险，海鸟和蟹会像标枪一样冲向它们。即使进入大海，幼龟仍面临许多危险，因此只有约 1% 的幼龟能够长大。

海蛇
Elapidae

海蛇曾是陆地动物，后进化得返回水中生活，有肺，所以要到水面呼吸。尽管如此，海蛇仍是优秀的潜水员，最长一次性可潜水 2 小时。不过在大多数情况下，它们在水下持续待的时间不超过 30 分钟。它们常忙于在礁石缝隙中搜寻小猎物，主要是鱼。猎物被它们咬伤后会迅速瘫痪或死亡，然后被整个吞下。海蛇也能分泌一种对人类致命的毒液，但幸运的是，水中的它们对人类比较友好。海蛇亚科海蛇（56 种）为卵胎生动物，会在水中度过自己的一生，扁尾海蛇属海蛇（8 种）则游到岸上产卵和休息。

蓝灰扁尾海蛇
Laticauda colubrina

体表有 20~65 条黑色环纹，口鼻部和上唇呈浅黄色。

体长 150 cm（斐济的海蛇更长）

生活习性 扁尾海蛇属海蛇，在其分布区域中最常见。体内储存了大量毒性极强的毒液，仅以海鳝为食，在遇到大型猎物时让其致命最长需要 15 分钟的时间。总体上对潜水员比较友好，但前提是潜水员不去接触和挑衅它。

分布 从斯里兰卡、印度东部至日本西南部和汤加

儒艮

Dugong dugon

尾鳍扁平，呈叉状。

体长　大多长达 350 cm

生活习性　栖息于有海草床的平坦、宽阔的海湾，体重至少为 400 kg，最重可达 900 kg，最长可活 70 年。经过 13~15 个月的妊娠期后，雌性儒艮会在浅水域诞下一只小儒艮。之后，母体和幼体保持着稳定的、十分紧密的联系，哺乳期长达 18 个月。

分布　从红海至瓦努阿图（不过如今仅见于局部海域）

儒艮
Dugongidae

儒艮是儒艮科唯一的物种，与海牛科的物种（3 种圆尾海牛）是近亲。3 种海牛均栖息于沿海及汇入大海的河流（其中两种见于美国东南部海域、加勒比海和亚马孙河流域，另外一种见于非洲西岸），儒艮则只生活在海洋（印度洋 - 太平洋沿海）中。儒艮是世界上唯一仅在海洋中生活的草食性哺乳动物。由于海草的营养价值非常低，因此成年儒艮每天大约需要食用 60 kg 海草。儒艮在全年的任何时候都可以交配，但能否成功交配主要取决于海草供应的情况。刚出生的儒艮的体长多为 100~120 cm。雌性儒艮每 3~7 年生产一次。报纸曾报道过某地存在由数百头儒艮组成的大群，但如今只能见到由 6 头左右的儒艮组成的小群了。儒艮因人类的捕杀和海草床被破坏而面临严重威胁，在很多地方已经灭绝。

海豚
Delphinidae

海豚是高度发达的海洋哺乳动物，群居，群体内部或多或少存在一些凝聚力。海豚的行为方式是多面的，它们好奇心强，爱嬉闹，社群结构复杂。海豚身体呈流线型，这使得它们成为强壮而灵巧的游泳健将与优秀的潜水员。它们有一套自己的交流方式，比如点头、“吹口哨”。它们的额部有一个突出的圆形器官——额隆，用以发送声波、定位和传达指示。声波在遇到物体后会反射，并以回声的形式被其他动物接收。通过这种回声定位的方式，即使在黑暗中或在混浊水域，海豚也能获取周围环境的情况。

东方宽吻海豚
Tursiops aduncus

体长 260 cm
生活习性 主要栖息于沿海水域。在不超过 300 km^2 的领地内，领地意识极强，常出现在各种礁区、潟湖和海湾。群居，群体成员通常有 5~15 个（右页下图中右后方是海豚妈妈和幼崽），在极少数情况下也会有由成千头海豚组成的群体。本种一次潜水 3~4 分钟，以鱼（大多体长不超过 30 cm）和头足类动物为食。此前它们一直被认为是宽吻海豚的亚种，最近刚被定为独立的物种。
分布 从红海至日本、澳大利亚和美拉尼西亚

索　引

无脊椎动物 306~333

海洋中的爬行动物和哺乳动物 334~341

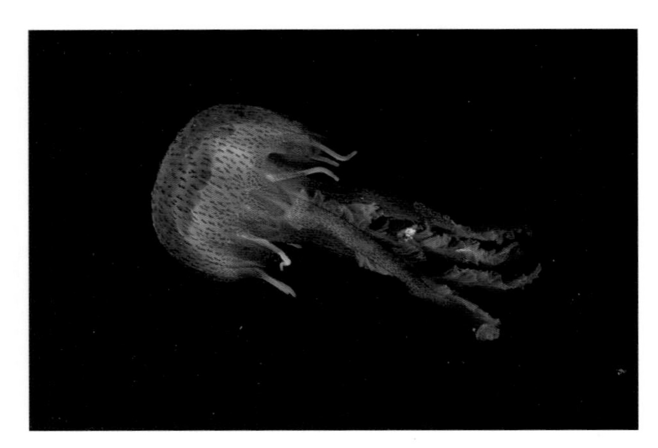

钵水母纲
Scyphozoa

钵水母纲被归在刺胞动物门，约有 250 个物种。该纲中的有些物种对人类无害，有些——如夜光游水母（*Pelagia noctiluca*）则对人类有害。一般而言，人类在游泳时最易受到它们的威胁，穿上轻薄的衣物就能起防护作用。

立方水母纲
Cubozoa

立方水母纲只有 20 个物种，其中一些物种对人类有害，海黄蜂，即澳大利亚箱形水母（*Chironex fleckeri*）就因含有致命的毒液而为人类熟知。澳大利亚的一些海滩因有海黄蜂出没而空无一人。

两叉千孔珊瑚
Millepora dichotomata

这些珊瑚常因拥有大型钙质骨架而被误认为石珊瑚。它们和石珊瑚一样能造礁，只是被归在刺胞动物门。人类误触后皮肤会长出丘疹，就好像被灼伤和蜇伤一样。